LDEC LV WAS/DULLES
2DEC AR AMSTERDAM

KB235680

888.12
    0.00
888.12
888.12

028

) Y

                         405P
AY 832 10SEP HELSINKI 600A

                         705A
                         935A
                         DUTCH

                         610A
                         850A
                         DUTCH

                         120P

NSB
223403 20.07.2008 58765970

Fra   STAVANGER

/////////////////////////////

Iceland
Denmark
Sweden
Norway
Lappland

| 1 | 2 | 3 | 4 | 5 | 6 | 7 | 8 | 9 | 10 | 11 | 12 | 13 | 14 | 1 |

IS AMOUNT WILL BE CHARGED TO CREDIT CAF

epart: Canterbury
        Bus Stn
        Tue 11 May 2010 at 17:50
rvice: 007   Shuttle   Rese
rive: London
        Victoria Coach Stn
        Tue 11 May 2010 at 19:50

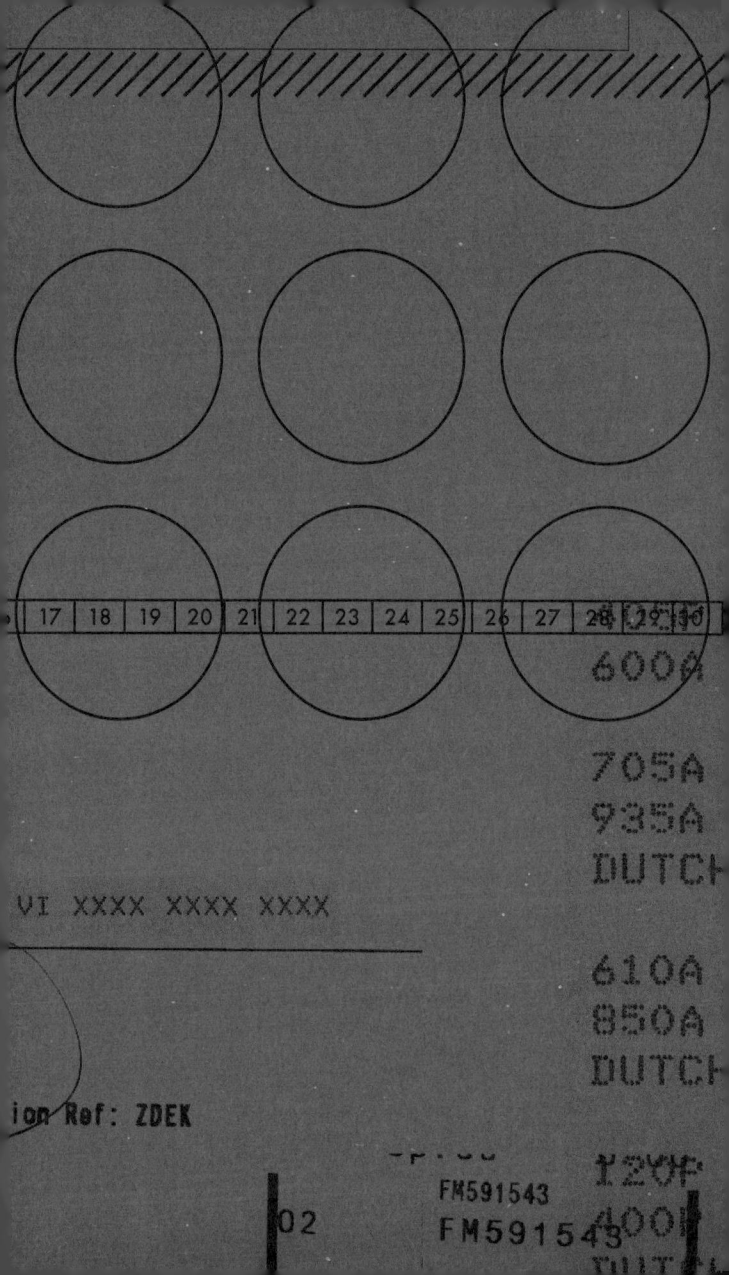

17	18	19	20	21	22	23	24	25	26	27	28	29	30

6000

705A
935A
DUTCH

VI XXXX XXXX XXXX

610A
850A
DUTCH

ion Ref: ZDEK

120F
400F
DUTCH

너도,
나처럼,
울고 있구나

청춘,
북유럽 히든트랙

너도,
나처럼,
울고 있구나

청춘,
북유럽 히든트랙

문나래 지음

북노마드

You may say I'm a dreamer,
but I'm not the only one.
I hope some day you'll join us,
and the world will live as one.

나를 두고 몽상가라고 하겠지요.
하지만 나만 이런 꿈을 꾸는 건 아니랍니다.
언젠가 그대가 우리와 함께하길 바라요.
그리고 세상은 하나가 될 거예요.

존 레논 〈Imagine〉

prologue

이 책은 제가 좋아하는
북유럽의 음악과 자연에 대한 이야기입니다.
호수처럼 맑고 투명하게 쓰도록 노력했습니다.

이 책에 등장하는 모든 음악들은
실제로 사진과 글 속,
그곳에서 나와 함께한 잔향이자
함께 나누었으면 하는 감성입니다.

이 책은 단지 나의 것 그대로의,

다듬어지지 않은,

완전히 불완전한 한 소녀의,

북유럽의 대자연과 음악에 대한 사랑입니다.

새하얀 겨울의 따뜻함을,

차가운 호수의 투명함을,

깊은 숲의 아름다움을 전할 수 있도록 노력했음을,

낮은 마음으로 알려드려요.

2013년 겨울 같은 봄,

문나래

차례

Cd Rea

Cd Rea 2011

kent

69:-

Kent
En plats i solen

BenGans.se

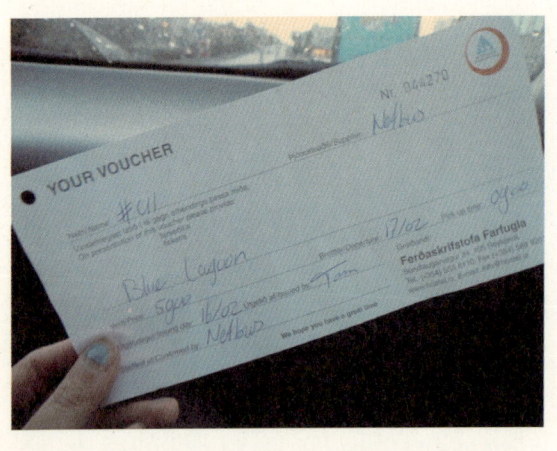

문나래, 북유럽에서 듣다 TRACK 12

track 1 John Lennon 〈Imagine〉

track 2 Radiohead 〈High And Dry〉

track 3 The Verve 〈Bitter Sweet Symphony〉

track 4 We Made God [It's getting colder] 중 〈Oh Dae-Su〉

track 5 짙은 〈December〉

track 6 Kent [Hagnesta Hill]

track 7 Kent [Isola] 중 〈747〉

track 8 Kent 〈Sverige〉

track 9 Loro's 〈Pax〉

track 10 Kings of Convenience [Declaration of Dependence]

track 11 Mono [One Step More, You Die] [Walking Cloud and Deep
Red Sky, Flag Fluttered and the Sun Shined]

track 12 Mew 〈Snow Brigade〉

* 문나래의 TRACK 12를 함께 들으면 『너도, 나처럼, 울고 있구나』를
더 가슴 깊이 남길 수 있습니다.

1.
Iceland,

감정 없는
대자연의
최면술사

Sigur Rós

가장 맑고 투명한 빛. 그 빛이 있다는 것. 단지 그 사실을 느끼는 것만
으로도 온몸에 강하게 흐르는 생명력과 거대한 우주를 체험하고 내
몸은 파르르 떨며 전율했다. 가장 맑고 투명한 빛. 온전히 그 빛을 추
구한 나는 온갖 색채를 지닌 세상 많은 것들에 등을 돌린 채 저 멀리
오묘한 빛의 세상을 유영하고 있다.

빛이 세상에 존재하는 것만으로도 생을 살아갈 수 있어. 그곳을 걸을 수 있었음에 그곳에서 호흡할 수 있었음에 마음 깊이 고맙습니다. 가장 맑고 투명한 빛, 아이슬란드.

런던의 개트윅에서 아이슬란드의 케플라빅으로 향한다. 지난밤,
12시간 비행의 피곤함이 가시기 전에 또다시 아이슬란드행 비행기
에 몸을 싣는다. High하고 Dry하다. '라디오헤드'의 노래에 나오는 이
말이 좋다. 손을 뻗어 공기의 감촉을 느끼니 그 살결과 색채가 묘하게
도 기분 좋은 고독을 띠고 있다.

◎ 아이슬란드에는 어쩐 일이야? 여행?

눈을 감고 기내의 건조함을 느끼는 내게 옆 좌석의 아이슬란드인 아
저씨가 말을 건다.

◎ 아이슬란드의 음악과 자연을 좋아해요. 아이슬란드만의 가슴 벅
찬 탁 트임. 그리고 난 밴드 '시규어 로스'의 팬이에요.

이런⋯⋯. 내 여행은 이렇게 한 문장으로 요약되었다. 달콤한 허영
도, 거창한 철학도 필요 없었다. 왜 여행을 떠나는가, 라는 질문에 당
당히 말할 수 있다는 것만으로도 내 여행은 충분히 가치 있다는 생각이
들었다.

낯선 땅 위에 서 있다. 익숙한 곳에서는 내가 걸어보지 못한 땅을 그리워하다가도, 낯선 곳에 도착하면 이내 익숙한 그곳을 그리곤 한다. 도착. 오늘도 다시 익숙함과 새로움 사이에서 방황한다. 새로운 곳을 살피는 나는 너무나도 작고 초라하다. 두려움과 설렘의 눈망울을 가졌다. 그러나 그 옆을 지키는 당신이 있기에. 음악이 있기에. 씩씩하게. 다시 씩씩하게 걸어간다.

이 공간을, 아니 이 시간을, 아니 당신들을 만나지 않았다면, 나의 탄생은 축복되지 못했을 것이다. 나의 뇌 속에 혹은 나의 가슴 속에 너무 큰 부분으로 자리해서인지, 반대로 너무나도 작고 사소한 일상 같아서인지 잘 모르겠지만. 여기, 지금, 당신들로 인해 나의 탄생은 비로소 축복 받는다.

직장을 알아보기 위해 런던에 다녀오는 참이라던 그는 제법 많은 이
야기를 풀어놓았다. 아이슬란드의 대자연에 반해서 조국 영국을 떠
나 아이슬란드에 정착하게 된 기나긴 스토리, 자신의 마을로 가는 길
에는 어떤 생명체도 볼 수 없다는 이야기, 어린 두 딸이 옛날 고서적
을 술술 읽어내려갈 만큼 아이슬란드의 언어는 거의 변하지 않았다
는 이야기, 두 딸을 데리고 유럽의 대도시에서 절대로 살고 싶지 않다
는 이야기, 세상은 점점 이상해져가지만 그들의 땅만큼 평화로운 곳
은 없다는 이야기를 쉴새없이 떠들어댔다. 그의 이야기를 들으며 수
십 번의 긍정적인 끄덕임을 나눈 사이 비행기는 하늘을 날고 있었고
스튜어디스들이 커피를 나눠주고 있었다. 우리는 바다 위를 비행하
고 있었다.

커피를 받아들고 출국 날 공항에 배웅 나온 친구들이 선물한 미도리 가죽 다이어리를 선반 위에 올렸다. 옆자리를 의식한 채 한껏 과장된 폼으로 이어폰을 꽂으며 홀로 비행을 즐기고 싶다는 뜻을 전했다. 몸을 틀어 창밖을 바라보았다. 구름인지 빙하인지 알 수 없을 정도로 새하얀 구름들. 결코 다가갈 수도, 만질 수도 없는 현실 밖의 공간.

'The Verve'의 〈Bitter Sweet Symphony〉를 틀었다. 언젠가 내 생이 대단원의 막을 내리고 엔딩 크레디트가 올라오는 순간 흘렀으면 하는 곡. 경이로운 빛으로 가득 찬 하늘을 배경으로 이 노래가 흐르면 살며 사랑을 주고받은, 내 생을 가득 채워준 사람들의 이름이 천천히, 끝없이 올라가리라. 그뒤를 이어 수많은 의문들을 던지고 나를 성장시켜준 아름다움의 이름들과 모든 공간들이 따를 것이다. 그날이 오면, 그 모든 것들이 천천히 올라갔으면 좋겠다. 세상의 모든 빛을 그러모은 것처럼 절대적인 빛의 세례가 이곳을 떠나는 내 영혼을 감싸면 좋겠다. Bitter sweet symphony, that's life. 쓰고도 달콤한 교향곡, 그것이 바로 인생.

어느새 비행은 낮아지고 파도의 움직임이 슬로 모션으로 다가왔다. 천천히 천천히 파도는 착륙을 환영하듯 잔향을 일으켰고, 저 멀리 적 갈색 토양의 건조함이 느껴졌다. 아무것도 없는 나라. 세상의 것으로 이루어졌지만, 너무도 특별한 곳. 세상에서 가장 높은 곳에 위치한 수 도, 세상에서 가장 낮은 것들로 이루어진 나라.

심술궂은 기류에 비행기가 바들바들 흔들리더니 이내 구름을 걷어내
고 세차게 가라앉는다. 눈을 감고 현실의 그곳을 떠올렸다가 다시 눈
을 떴다. 나는 도착하고 말았다. 몸을 틀어 창밖을 바라보았다. 북유
럽을 향한 첫 비행이었다. 이곳은 아이슬란드.

한 시간 반 정도를 걸었어. 목에는 묵직한 미놀타 엑스 700을 메고 어깨에는 커다란 배낭을 메고 양손에는 아이슬란드의 수도 레이캬비크의 지도를 쥐었지. 오늘 하루의 운명이 걸린 한 장의 지도 말이야. 코너를 돌 때마다 지도도 함께 돌아가네. 지도에 그려진 지붕들과 거리들이 눈앞에 펼쳐져 있어. 길을 안내하는 자그마한 기계는 필요하지 않아. 저 먼 하늘 뒤 인공위성의 도움도 필요 없어. 페를란. 그곳을 향해 난 걸어가. 온 세상을 파란 돔에서 바라보기 위해.

눈을 뜨자 세상에는 별게 없었다. 하늘인지 바다인지 구분 가지 않는 하나의 맑은 형광빛 블루와 시야를 뒤덮는 뿌연 안개뿐. 천국일까 지옥일까. 블루라군^{Blue Lagoon}. 블루라군에서 나는 알았다. 미美와 추醜는 결국 하나라는 것을. 찬란한 아름다움은 그로테스크한 공포를 불러일으키고 그 두려움 뒤로 또다른 절정의 아름다움이 기다리고 있었다. 대지를 휘감는 광활함, 태고의 시원始原이 안겨주는 아름다움. 자연은 언제나 지극히 보잘것없는 인간과는 다른 차원에 자리하고 있다.

인간은 끊임없이 자연을 노래한다. 아이슬란드에서 나는 늘 시규어 로스의 음악과 함께했다. 자연의, 자연에 의한, 자연을 위한 음악을 추구하는 그들의 감성을 그들의 고향에서 느끼고 싶었다. 진정한 아름다움은 무엇인지, 소리 높여 울부짖는 투명한 영혼은 어디에 있는지, 그것을 느끼고 싶었다. 닿기를 갈망하지만 닿을 수 없는 것을 향한 타는 듯한 갈망, 신神조차 말릴 수 없는 꿈결 같은 두근거림, 세상 무엇도 채워줄 수 없는 아름다움. 내게 시규어 로스의 음악은 그런 것이었다.

"시규어 로스가 존재한다는 것에 신께 감사드린다"(뷔욕 Björk). 아이슬란드의 밴드 시규어 로스는 우주적이며 영묘한, 천상의 음악을 풀어내는 뮤지션이다. 시규어 로스는 구름 너머 저편의 세상에서 노래하는 것만 같다. 음악이란 기후나 자연환경의 영향을 받는 걸까. 축축하고 흐린 영국에서 우울한 브릿 팝이 왔듯이, 빙하와 화산, 황량한 갈색토로 이루어진 아이슬란드에서 이들의 몽환적이면서 차가운 사운드가 생성된 것은 우연이 아니다. 진눈깨비 흩날리는 잔혹한 바람, 시시각각 변하는 기후, 차갑게 얼어버린 북구의 땅. 그 차가운 땅에 피어난 장미. '승리의 장미'라는 뜻을 가진 시규어 로스는 밴드가 결성되던 날 태어난 욘시의 여동생 이름에서 따왔다고 한다.

온시는 자신들이 새롭게 창조한 '희망어'라는 뜻의 호플랜딕 Hopelandic을 사용한다. 뜻을 알 수 없는 웅얼거림 같은 노랫말은 귀가 아닌 가슴으로 들어야 그 뜻이 전해진다. 어떤 문법 체계도 뜻도 없는, 음악의 분위기에 따라 의미 없는 소리를 뿜어내는 노랫말은 눈에 보이는 노랫말이 음악의 투명한 본질을 해친다는 그들만의 음악 세계에 기원을 둔다. 첼로 활로 기타 줄을 그어 생기는 '드론' 사운드, 드럼 스틱을 베이스에 사용하고 돌멩이에서 소리를 찾아내는 앰비언트 사운드는 시규어 로스를 포스트록 밴드의 하나로 정의할 수 없게 만든다. 뿌옇고 미지근한 공간을 부유하는, 깊은 심해로 빠져들어가는 그들의 사운드는 상처 입고 가여운 무언가를 이야기한다. 그들은 보이지 않는 '치유'다. 앞이 보이지 않을 정도로 밀려오는 눈물로 쏟아진 '회개'이자 기울어가는 노스탤지어를 향한 차가운 '위로'다.

어느덧 나는 끝없이 펼쳐진 라군 속을 유영하고 있다. 황홀에 젖은 고요하고 찬란한 블루, 멀리서 들려오는 영혼의 메아리, 정체를 알 수 없는 형광 물질이 그득한 공간. 안개 속 깊은 곳에 숨겨진 음성, 온시의 목소리는 서서히 형체를 드러내며 다가왔다. 몸이 타들어갈 듯 뜨거운 액체가 흘렀다. 회색 하늘을 올려다보았다. 꿈결처럼 영롱한 선율이 물에 젖은 날개처럼 축 늘어진 비트의 강을 건넌다. 잠시 후, 그림자처럼 희미한 사운드는 이내 파괴적인 노이즈로 조금씩 분열되었다. 미세한 떨림 사이로 새어나온 입자들이 몇 가닥 빛을 뿜어냈다. 조금씩 조금씩. 혼돈의 노이즈가 솟구치듯 터져나가고, 태양빛은 장대비처럼 범람했다. 세상은 그렇게 씻겨나갔다.

나는 알고 싶었다. 어디에서 빛이 흐르는지, 보이지도 만져지지도 않는 음악이라는 존재가 만들어내는 거대한 우주를 창조한 에너지가 어디에서 오는지 알고 싶었다. '그들'은 무엇을 말하고 있는 걸까. 내가 과연 들을 수 있는 걸까. 그 닿을 수 없는 광명의 세계에 도달하고 싶었다. 나는 그들, 시규어 로스를 온몸을 다해 사랑하고 있었다.

끝이 보이지 않는 라군 속에서 일곱 시간을 보냈다. 뜨거운 온천수와 머리가 얼 듯 차가운 공기가 공존하는 곳. 강렬하게 내리쬐는 태양과 물 위에 반사되는 황금빛에 미간을 찌푸린 채 하늘을 올려다보았다. 공중을 향해 크게 심호흡을 했다. 입김이 솟아올라 안개와 합쳐졌다. 아이슬란드의 하늘에 내 한줌의 숨을 던졌다는 생각에 기분이 오묘해졌다. 옅은 소라색의 라군은 끝없이 펼쳐져 있었다. 나는 세상의 끝을 찾듯 앞으로 나아갔다. 엄청난 수증기와 안개, 형광빛의 물과 하늘 외에는 아무것도 보이지 않았다. 간간이 보이는 구조요원들을 뒤로 하고 저 멀리, 더 깊은 블루 속으로 한 걸음 한 걸음 다가갔다. 아, 이 대로 사라져도 좋아.

라군의 끝에 도달해 바위에 몸을 기댔다. 황금빛 햇살은 더욱 강렬해졌고, 저 멀리 새하얀 돌산과 야생 바위들이 촘촘히 박혀 있는 능선이 고고히 떠 있다. 온몸에 힘을 풀고 수면 위로 몸을 띄웠다. 그리고 소리 없이 외쳤다. 내가, 여기 있다고. 끝없이 갈구하고 투쟁하며 살아 '가기'보다 가만히 살아 '있고' 싶었다. 살아 있음을, 내 존재를 확인하는 데에는 그다지 큰 노력이 필요하지 않는데도 우리는 왜 그리 바삐 뛰어가고 있는 걸까. 숨 쉬는 매 순간마다 감사하지 않았던 지난날을 반성했다. 나는 살아가는 것일까, 살아 있는 것일까.

북해를 따라 남쪽으로 향했다. 반짝이는 별들이 내려왔다. 군청색 하늘에 낀 오로라, 그 속 어딘가에서 들려오는 노랫소리에 발걸음을 멈춘다. 눈을 감았다. 한쪽 뺨에서 바람이 멈췄다. 바람은 희미하게 불어와 기분 좋은 건조함을 남기더니 육체를 끌어안으며 바다를 선사했다. 살결이 수면에 닿자 호흡을 터뜨렸다. 눈을 들어 달을 바라보며 손을 뻗어 당겨본다. 서서히 얼어붙는 손끝에 유리알처럼 투명한 달이 만져졌다. 블루 라군에서 가슴으로 삼켰던 태양을 토해냈다. 마른 대지에 하늘이 쏟아졌다. 삶을 살아가며 죽어가던 내 육체가 흐르는 바람에 서서히 소생되어 가는 듯한 기분.

에너지 넘치는, 비타민 같고 밝고 행복한 아이. 내가 늘 노력하는 모습이다. 행복은 자신을 원하는 이에게 찾아오는 법. 행복해지려는 사람을 바라보는 것만으로도 우리는 행복해진다. 혼자 사는 사람은 알리라. 밖에서 끼니를 때워도 되고, 적당히 무난한 한 칸짜리 방에서 잠들어도 되지만, 굳이 갖은 야채와 재료들을 바리바리 사들고 뿌듯한 한 끼 식사를 지어내고 싶은 날이 있음을. 그건 아마도 단단하고 강한 외로움의 또다른 표현이자 동시에 한결 성숙해진 위로일 것이다. 내면을 할퀴고 후벼파느라, 와르르 무너지던 어린 날의 외로움. 아무도 알아주지 않아도, 아니 알아주지 않기에 스스로를 위로하는 행위들.

겨울이 되면 나는 행복과는 먼 아이가 되곤 했다. 세상과 나 사이 송송 나 있는 틈으로 차가운 바람이 들이닥쳤다. 내 주위를 환하게 밝히던 한여름의 에너지도 쉬이 사그라들었다. 차가운 바람이 지나간 자리엔 건조함을 이기지 못하고 부서진 자아가 나뒹굴었다. 나는 누구일까? 이게 본래 내 모습일까? 그동안 나는 가면을 쓰고 있었던 걸까. 이상한 건, 그렇게 봄, 여름, 가을이 지나 겨울밤이 찾아오면 마음이 편안해졌다. 무섭게도 겨울, 그리고 밤이 나는 참 좋았다. 그 알 수 없는 우울, 행복과 거리를 둔 그 불안함이 그렇게 좋았다.

사람은, 참 모순적이어서 도착의 안도감을 느낀 지 얼마 되지 않아 또다시 여정의 욕구를 느끼게 된다. 아무렇게 내던져진 커다란 배낭과 카메라, 흙 묻은 운동화. 여행의 냄새가 묻은 물건들은 여행자를 새로운 곳으로 유혹한다. 나는 무슨 일이 있어도 반드시 이곳을 떠나야 했다. 교통이 불편한 아이슬란드에는 다양한 '데이 투어'들이 있다. 수도 레이캬비크를 벗어나 다양한 아이슬란드의 명소들과 오직 이곳에서만 접할 수 있는 대자연을 향유하는 프로그램들이 여행자들을 기다린다. 레이캬비크를 벗어나는 순간, 나는 지금까지 어떤 여행지에서도 겪어보지 못한 짜릿함에 몸을 떨어야 했다. 황량하게 눈 덮인 대지와 돌산, 한없이 낮은 자연이 창밖에 이어졌다. 달의 표면이 저러하지 않을까, 생각했다.

버스에서 내려 걷고, 투어를 하고, 다시 버스로 이동. 일곱 시간이 넘
도록 투어를 반복하다보니 조금씩 피곤이 몰려왔다. 다음 투어를 위
해 선잠에 빠진다. 평소라면 버스 창문으로 스치는 풍경이 아쉬워 눈
에 힘을 주고 버텼을 테지만, 오늘은 너무 이른 아침부터 부산을 떤 까
닭에 건조해진 눈동자가 스르르 감긴다. 현실과 꿈결 사이의 가수면
상태. 버스는 덜컹덜컹 요란한 소리를 내며 육체를 들었다 놓았다하
고, 그 반복에 맞춰 내 서투른 취침은 깊이깊이 잠으로 바뀌었다. 얼
마나 잤을까. 몽롱한 수면을 빠져나온 내 의식이 하얗게 김이 서린 창
을 닦아내며 밖으로 나가려 한다.

눈으로 뒤덮인, 끝을 가늠할 수 없는 세상. 세상 어디쯤인지 알 수 없다. 이 차는 나를 안고 어느 미지의 세상을 향해 달리는 걸까. 목적지라는 것이 존재하긴 하는 걸까. 아무렴 어떠랴. 일정한 속도로 쉬지 않고 달리는 버스에게서 묵직한 무게감이 느껴진다. 알 수 없는 듬직함, 나를 '꼬마 숙녀'라 부르는 커다란 가이드 아저씨가 있으니 걱정할 필요가 없음을 깨닫고 다시 깊은 잠에 빠진다.

굴포스Gullfoss. 버스는 나를 굴포스 폭포로 데리고 갔다. 폭포는 한겨
울 회백색 바람이 일렁이는 저온의 공기 속에서도 얼어붙지 않고 끊
임없이 물을 쏟아내며 중력과 소통하고 있었다. 한 번의 쏟아짐은 다
음 낭떠러지에서 합쳐지고, 다시 다음 낭떠러지에서 또다시…… 지
구의 아래에 새하얀 거품이 일었다. 소멸하라. 소멸하라……

사람들은 흔히 아름다움을 말할 때 '한 폭의 그림 같다'는 말을 쓰곤
한다. 하지만 이곳의 아름다움 앞에서 나는 그 말을 차마 꺼내지 못했
다. 세상에서 가장 강하고 역동적인 그 생명력을 그런 상투적인 표현
으로 갈무리하기 싫었다. 새하얗게 얼어붙은 빙판의 표면에 서서 대
지를 압도하는 폭포를 바라보며 나는 비틀거리며 눈물을 쏟고 말았
다. 물과 대지가 맞부딪쳐 생성되는 거대한 오케스트라. 그 음악이 절
정에 달하는 순간, 내 눈에서는 뜨거운 액체가 흘러나왔다. 마음속에
그려놓았던 아이슬란드. 가슴속에 남몰래 품어온 그림. 나는 드디어,
아이슬란드에 온 것이다. 태초에 창조된 알 수 없는 힘의 낙원, 부서
져도 부서져도 다시 소생하는 생명의 근원, 때묻지 않은 태고의 아름
다움, 쏟아지는 물, 그리고 광대한 생명의 세상.

지금 여기에서 나는 혼자다. 가열차게 쏟아지는 폭포수와 끝없이 펼쳐진 설원. 내 곁에는 오직 대자연만이 함께할 뿐. 차가운 바람이 불어온다. 숨을 쉴 수 없다. 공기는 겨우 숨을 틀 수 있을 만큼의 희박한 산소를 안겨주고, 육체는 물의 음악과 더불어 공중에 붕~하고 떠올랐다. 자라나고 싶지만, 세상 밖으로 뻗어나가고 싶지만 결국 무너져 내리고 마는 폭포수의 비말이 나를 향해 울부짖고 있었다. 너도, 나처럼, 울고 있구나.

아이슬란드 작은 음반가게 지하실. 우리는 몇 시간 째 아무런 대화도 아무런 시선도 주고받지 않은 채 음악만 듣고 있다. 진열대 사이를 왔다갔다 하며 마음에 드는 음반을 찾는다. 한참을 두리번거리다 대여섯 장의 음반을 들고 자리로 돌아온다. 천천히, 하나하나, 한 트랙 한 트랙 집중해서 음악을 듣고 있다. 어떤 방해도 원치 않는 듯 양손을 헤드폰에 갖다댄다. 나는 '요한 요한슨Johann Johanssonn'을 듣는다. 묵직한 피아노와 현악기의 선율에 끊임없이 내리는 빗속에 서 있다. 앞이 보이지 않을 정도로 쏟아지는 폭우. 사정없이 육체를 두들기는 비바람. 그렇게 우리는 이 행위를 쉬지 않고 반복한다.

네가 자리에 돌아오면 내가 가고, 내가 돌아오면 네가 가고. 내가 또
다른 음반을 고르기 위해 소파에서 몸을 일으키는 순간,

◎ 니혼진, 데스까?

시규어 로스가 창가에 새겨진 레이캬비크의 음반가게 '12 Tonar', 지
하의 음악감상실. 같은 먼지를 마신 지 세 시간이 흐른 후에야 아이는
유영을 마친 비행사처럼 내게 말을 걸었다. 검정색 배기팬츠를 입고,
오른쪽 눈 아래에 작은 흉터가 있고, 아이슬란드 뮤지션 '뭄Múm'을 좋
아한다는 아이의 이름은 '소고'. 우리, 아이슬란드에서의 남은 시간
을 함께 보내자. 꿈결 같았던 북유럽 여행을 마친 지금. 헤드폰을 낀
채, 몇 시간 동안 서로 다른 세상을 비행하던 그날의 '우리'가 기억이
나. 창고에서 스며든 먼지 냄새, 헤드폰에서 희미하게 새어나오던 멜
로디, 음반을 훑으며 지나가던 손가락이, 난 지금 많이 그리워.

일본 소년 특유의 호기심 가득한 표정, 함께했던 '뭄'의 공연, 바이킹 맥주와 푸핀 요리, 비바람만 불어오던 레이캬비크, 공항에서의 우연한 만남, 런던에서의 또 한번의 재회, 그렇게 우리가 지나온 흔적들……. 너랑 '뭄'의 음악을 들었던 게 잘못이야. 그날 이후 '뭄'이 내 귓가에 닿기만 해도 너라는 아이가 떠올라. 난 '뭄'을 듣는 게 아닌 것 같아. '소고'라는 이름의, 기억을 흐르는 음악을 듣고 있나봐.

차갑게 얼어붙은 빙하가 넓게 펼쳐져 있는, 몹시 추워 보이는 앨범 재킷이었다. 'We Made God'. 범상치 않은 밴드 이름과 〈It's getting colder〉라는 차가운 제목. 음반을 뜯어 CD플레이어에 넣고 헤드폰을 썼다. 첫번째, 두번째, 세번째, 그리고 네번째…… 그곳에 〈Oh Dae-Su〉라는 제목이 적혀 있었다. 순간, 한글 발음의 아이슬란드어가 있네, 라고 생각했다. 떨리는 손으로 빨리 감기 버튼을 눌러 네번째 트랙을 찾았다. 재생. 설마, 하는 기분 나쁜 예감. 앨범 재킷과 어울리는 차가운 기타 선율, 무거운 비트, 그리고 흘러나오는 목소리.

◎ 여기까지가 제가 겪은 모험의 전부입니다.

끔찍한 이야기를 끝까지 들어주셔서…….

◎ 사랑해요…… 아저씨.

창문을 두드리는 무거운 빗줄기와 음울한 지하의 음악감상실. 북유
럽 여행에 오른 지 한 달여 만에 처음으로 한국인의 음성을 들었다. 박
찬욱 감독의 〈올드 보이〉, 주인공 오대수 역의 최민식. 뜻밖의 영토,
뜻밖의 공간에서의 한국영화와의 뜻밖의 만남. 눈물이 맺힐 듯 반갑
고 아름다운, 기분 나쁠 정도로 소름 끼친 순간이었다. 그들은 무슨
생각으로 〈올드 보이〉를 음악 속에 삽입했을까? 전혀 닿을 것 같지
않았던 우리와 아이슬란드 사이에 보이지 않는 인연의 끈이 생긴 것
같아 나도 모르게 툭 하고 웃음이 터져나왔다. 15년간 만두만 먹으
며 홀로 고독에 떨었던 오대수와 아이슬란드의 추위, 그리고 겨울만
오면 아무런 이유 없이 혼자 있고 싶어 하는, '겨울병'에 걸려버리는
'나'라는 여행자. 우리 셋의 만남이 마치 운명처럼 느껴졌다.

좋은 음악.

오늘은 하늘에 맞닿아 있었어.

그냥. 고맙네.

나를 단단하게 조여주던 것들이
스르르르 사라지는 기분.
스르르르.
아무것도 못하겠다.

내 기억이 맞는다면, 〈올드 보이〉의 마지막도 새하얀 숲과 눈 덮인 호수의 북유럽의 겨울 같은 공간이었던 것 같다. 그래, 우리는 겨울 여행자로 세상을 사는 고독한 존재인가보다. 극도의 자존감이 가끔은 두려운 존재, 스스로 세상에 갇히고 소통을 부정하며 살아가는 존재, 봄 여름 가을을 서서히 견디다 겨울이라는 계절을 만나면 우주 속으로 한없이 침잠해들어가는 존재, 너무도 할 말이 많아 결국 아무 말도 할 수 없는 존재, 그렇게 혼자 있어야만 하는 존재인가보다.

아이슬란드 남쪽 해안의 작은 마을 '비크 Vík í Mýrdal'(Vík)로 향하는 버스. 긴 여정에 잠깐의 휴식을 위해 내린 휴게소에서 콜라를 비우며 잡념에 빠진다. 아이슬란드 특유의 온천수로 만든 콜라여서인지 한국의 콜라보다 단맛은 훨씬 덜하고 톡 쏘는 맛은 몇 배나 강하다. 버스는 몇 시간째 설원의 풍경을 반복하고, 어쩌다 보이는 한두 개의 작은 집은 무얼 먹고 사는지 걱정될 정도로 광활한 자연이 이어지고 있다. 한겨울 아이슬란드의 태양은 정오가 되어서야 겨우 자리를 찾기 시작했고, 덕분에 싸늘했던 버스에 햇살이 부서져 들어왔다. 옆자리의 노부부는 조금은 거친 투어 일정에 고개를 떨구며 꾸벅꾸벅 졸고 계셨다. 순간, 이 버스가 천국으로 향하는 버스라고 느껴졌다. 아름답고 충분하게 삶을 마감한 사람들과 창밖의 아름다운 낙원. 아, 천국에도 콜라는 있고 버스정류장도 있고 졸음도 있는 거였어.

비크는 아이슬란드의 최남단 마을이다. 약 삼백 명 남짓한 주민이 살아가는 작은 마을이지만, 달려오는 내내 단 하나의 생명체도 볼 수 없었던 걸로 미루어 남쪽 최대의 거주지임이 분명하다. 근방에 자리한 스코가르Skógar와 뮈르달 빙하Mýrdalsjökull에 대한 정보를 얻기 위해서 반드시 들러야 하는 마을이다. 한참을 달리던 버스도 승객들에게 미안해서인지 비크의 해안가에 멈춰 섰다. 끝없이 펼쳐진 바다와 새까만 모래의 흑사장, 파도가 부딪혀서 끊임없이 반짝이는 주상절리의 절벽 '레이니스피아라Reynisfjara'. 시규어 로스의 다큐멘터리 [헤이마Heima]와 보컬 욘시의 뮤직비디오에서 몇 번이고 돌려보던 공간에 드디어 발을 디뎠다.

2006년, 시규어 로스는 전 세계 순회공연을 마치고 고향으로 돌아와 고국 투어를 가졌다. 당시의 투어 기록과 아이슬란드의 숭고한 대자연 영상을 묶어 '집으로'라는 뜻을 가진 [헤이마]라는 영상물을 내놓았다. 그중 한 곳이 지금 내가 당도한 이곳, 남쪽 해안 비크다. 지금은 폐허가 된 생선 저장고, 댐 건설에 반대하는 시위 캠프가 자리잡은 초원지대 등에서 공연하며 사라져가는 아이슬란드의 향토성을 지켜내려 했던 시규어 로스의 절규가 메아리치는 곳. 만약 당신이 [헤이마]를 보지 않았다면 영원히 그대로 머물러 있기를 바란다. 시규어 로스가 만들어낸 묘한 영상이 아이슬란드의 대자연 속으로 '반드시 떠나리라'는 다짐을 하게 할 테니 말이다. 그 순간, 당신은 나와 똑같은 처방전을 받게 될 것이다. 아이슬란드에 몸을 던져야만 나을 수 있는 치명적인 증상.

나는 거침없이 해안을 달리기 시작했다. 절벽을 아름답게 수놓는 새들의 날갯짓, 짙은 안개와 어우러져 높이 솟아오른 바위. 아직 마르지 않은, 물을 잔뜩 머금은 수채화처럼 불투명한 공기들이 내 폐를 적셨다. 투명한 파도는 부서지고 또 부서지며 자신을 내어놓는다. 금방이라도 폭풍이 불어닥칠 것 같은 불안한 공기를 눈으로 만져보았다. 해안선 너머 펼쳐진 그로테스크한 신비로움. 나는 한 걸음 한 걸음 꿈을 꾸듯 다가갔다. 온시가 불꽃놀이를 하던 절벽의 바위들을 바라보았다. 바다가 새하얀 미소를 내게 보내주고 있었다. 조금씩 걸어나갔다. 빛을 향한 발걸음. 혼잡한 세상을 뒤로하고 찾아낸 나의 마지막 낙원. 검은 모래밭은 서서히 뒤틀리고 있었다. 그리고 빛이 쏟아졌다. 눈을 뜰 수 없었다. 하늘을 가르는 빛, 그 축복과 광명이 내 작은 육체를 감싸안고 세상을 씻겨주고 있었다.

순간,

모든 것이 거짓말처럼 사라졌다.

육체는 그렇게 사라졌다.

휴게소에서 마시던 콜라 속 탄산수처럼 공기방울이 되어,

나는 그렇게

빛이 되었다.

여행 정보

1. 아이슬란드

- 아이슬란드는 끝없는 황무지와 고원으로 이루어진 화산섬이다. 원래 무인도였으나 9세기에 노르웨이에서 온 이주민들에 의해 개척되었다. 14세기에 덴마크에 의한 식민 통치가 시작되었으나 덴마크의 간섭을 크게 받지는 않았다. 19세기에 이르러 자치권을 회복하고 1944년에 덴마크에서 완전히 분리된 독립국가가 되었다.

- 아이슬란드에 다녀온 사람들은 누구나 이렇게 말한다. 지구가 아닌 달 혹은 다른 행성 같다고. 활발한 빙하의 흐름, 화산 활동 결과 만들어진 지형, 북극에 가까운 위치 때문에 식물의 성장이 잘 이루어지지 않는 자연 조건 등이 아이슬란드만의 자연환경을 만들었기 때문이다. 아이슬란드는 북극권인 그린란드 동남쪽 바로 아래 위치해 있지만, 위도에 비해 따뜻한 기후를 갖고 있다. 연 평균 최고 기온이 영상 7도일 정도로 다른 북유럽 국가들과 비교해 따뜻한 편에 속한다. 가장 추운 1월의 평균 최저 기온은 영하 3도.

- 아이슬란드는 안개가 많고, 흐린 날이 많다. 하루에도 여러 차례 날씨가 바뀔 정도로 기후 변화가 극심해서 "지금 날씨가 마음에 들지 않아도 15분만 기다려라"라는 말이 있을 정도다. 여름에도 기온이 그리 높지 않기 때문에 얇은 겉옷을 챙겨가는 게 좋다. 아이슬란드 내륙 지방은 비가 많이 내리기 때문에 여분의 양말과 옷, 방수가 되는 옷을 가져가야 한다.

● 아이슬란드에는 기차가 없다. 대신 국내선 항공노선이 발달해서 수도 레이캬비크와 주요 도시를 오가는 데 편리하다. 아이슬란드에는 총 99개의 공항이 있다. 비행기를 대신할 만한 교통수단으로는 버스가 있다. 관광지와 연계된 노선들도 많아서 편리하다. 20~30분 간격으로 운행하고 있어서 따로 예약할 필요는 없다. 버스 노선은 www.bus.is 에 상세히 나와 있으며, 지역 간 연계 버스는 www.sterna.is/en에서 알아볼 수 있다.

● 렌터카를 이용해서 아이슬란드를 여행하는 것도 좋다. 아이슬란드는 고속도로를 제외한 내륙도로의 상당수가 비포장도로다. 산간 도로의 경우 도로의 폭이 좁고, 고속도로라 하더라도 구불구불하기 때문에 운전에 주의해야 한다. 도로 사정이 좋지 않기 때문에 예상 시간보다 시간이 더 소요된다는 점도 감안해야 한다. 안개가 많은 날씨 때문에 전조등을 켜고 운행해야 한다. 아이슬란드는 운전자에게 Green-card(해외 자동차 상해보험증)나 제3자 책임보험 가입 증명서를 의무적으로 요구한다. 렌터카는 www.hertz.is나 www.nationalcar.is에서 알아볼 수 있다.

● 아이슬란드의 수도 레이캬비크는 인구 11만 9천 명의 작은 도시다. 숫자상으로 보았을 때에는 작은 도시이지만, 아이슬란드 전체 인구가 31만 9천 명임을 감안하면 인구의 3분의 1이 레이캬비크에 살고 있는 셈이다. 레이캬비크는 온천 도시로도 유명하다. 수온 87도의 온천수가 레이캬비크 시 전역에 걸쳐 공급된다. 온천수 이용으로 매년 난방용 석유 10만 킬로리터를 절약하고 대기 오염 감소 효과를 얻고 있다고 한다.

● 레이캬비크를 여행할 때 '레이캬비크 웰컴 카드'를 구입하는 것도 좋은 방법이다. 이 카드로 버스를 자유롭게 탑승할 수 있고, 미술관, 박물관, 수영장, 레이캬비크 인근 섬으로 이동할 수 있는 페리도 이용할 수 있다. 24/48/72시간 카드로 나뉘어 있으며, 가격은 각각 1500/2000/2500크로나이다. 구입은 관광안내소와 할인점에서 할 수 있다.

● 레이캬비크의 대중교통은 버스를 주로 이용한다. 버스 요금은 성인이 280크로나, 6~18세까지의 미성년자는 100크로나이다. 버스 요금은 거스름돈을 주지 않기 때문에 정확한 요금을 내야 한다. 버스에서 환승할 때는 '스키프티미디'라고 불리는 환승 티켓을 운전기사에게서 받을 수 있다. 택시의 경우 최저 요금이 500크로나로, 가격이 비싼 편이다.

⦿ 페를란은 레이캬비크의 대표적인 랜드마크다. 뜨거운 물을 저장하는 물탱크 시설을 리모델링하면서 반구형의 유리 지붕을 가진 시설을 추가하면서 전망대와 전시장의 기능을 갖추게 되었다. 페를란에서는 콘서트와 박람회가 열리고, 레이캬비크 시를 내려다볼 수 있는 전망대도 있다. 내부에는 기념품 가게와 카페테리아들이 있다.

⦿ 블루라군은 아이슬란드 그린다빅에 위치한 인공 노천 온천이다. 검은 현무암과 현무암이 풍화되어 만들어진 검은 모래사장에 둘러싸여 있고, 현무암과 모래를 이용해 만든 건물이 비취빛 온천수와 대비를 이루어 아름다운 풍경을 이룬다. 온천수는 발전소에서 지열발전과 담수화 과정에 활용된 물을 사용하며 주기적으로 새 물로 교체한다. 온천수는 미네랄이 풍부하여 피부질환에 좋다고 알려져 있으며, 리조트 내에서 블루라군의 온천수를 활용한 피부 관리 프로그램과 화장품들을 만나볼 수 있다. www.bluelagoon.com

⦿ '금빛 폭포'라는 의미를 가지고 있는 굴포스 폭포는 레이캬비크에서 데이 코스 여행으로 인기가 많은 곳이다. 아이슬란드 남서쪽으로 흐르는 흐비타 강이 3단의 계단형으로 쏟아져 내리다가 32미터 깊이의 강과 수직을 이루는 협곡을 타고 쏟아진다.

● 1998년 레이캬비크에 설립된 '12 토나(12 Tónar)'는 아이슬란드의 작은 레코드숍이자 인디 레이블이다. '뷔욕'과 '시규어 로스' 같은 뮤지션들의 만남의 장소가 되었고, 아이슬란드의 클래식 작곡가와 연주자들이 이곳을 중심으로 활동하고 있다. 편하게 앉아서 음악을 들을 수 있게 되어 있으며, 커피와 차를 무료로 제공한다.

● 레이캬비크에서 공연을 보고 싶다면 영자신문인 《그레이프바인 (Grapevine)》에서 확인하자. 카페나 관광안내소에서 무료로 구할 수 있다. '12 토나'와 같은 레코드 가게에서도 공연 정보를 접할 있다. 소도마, 헴미&발디, 카페 로젠버그와 같은 바 & 클럽들이 잘 알려져 있다. 대규모 공연은 www.midi.is/concerts에서 예매할 수 있다.

● 스코가는 인구 25명의 아주 작은 마을이다. 스코가 강에 있는 폭포인 스코가포스로 잘 알려진 곳이다. 마을 뒤편에 있는 에이야프얄라요쿨 빙하는 2010년 아이슬란드 화산 폭발이 일어난 곳으로 당시 큰 피해를 입었다고 한다.

○ 아이슬란드의 빙하는 화산 위로 흐른다. 아이슬란드에서 가장 유명한 빙하 중 하나인 뮈르달 빙하의 분화구는 지름이 10킬로미터나 될 정도로 거대하며, 40∼80년에 한 번씩 폭발한다고 전해진다. 이 지역은 연간 강수량이 10미터에 달할 정도로 비가 많이 내리는 지역이기도 하다.

겨울을
감싸안은
천사의 날개

Mew

온몸을 웅크리고 있다. 천사의 음성은 커다란 날개로 감싸안은 듯 아늑하다. 새하얗고 부드러운 깃털에 얼굴을 비비며 젖은 눈을 감는다. 날개 밖 세상에는 눈이 내리고 있다. 하지만 이곳은 고요하고 투명하고 따뜻하며 아름답다. 천사의 날개는 나를 필사적으로 보호하고 있었다. 천사는 오랫동안 속삭여주었다. 소중한 나의 소녀여, 지구를 돌고 돌아 어디에서 헤매더라도 걱정하지 마. 내가 너를 반드시 찾아낼 테니. 보여줄게. 내가 널 얼마나 소중히 아끼는지. 오, 나의 천사, 뮤Mew. 세상 그 어디에서도 느낄 수 없는, 음악으로부터 보호받고 있다는 이 애틋함.

덴마크의 드림 팝 밴드 뮤는 1990년 보컬을 담당하는 요나스 Jonas Bjerre가 기타의 보 Bo Madsen와 함께 학교에서 환경을 주제로 한 초현실주의 영화를 제작하면서부터 시작되었다. 이후 베이스 기타의 (현재는 탈퇴 상태인) 요한 Johan Wohlert과 드럼의 실라스 Silas Utke Graae Jørgensen가 합류하며, 1995년 덴마크를 대표하는 북유럽 감성 메탈 4인조 밴드가 결성되었다. '드림 팝'이라는 말처럼, 꿈결을 유영하듯 사이키델릭한 사운드를 추구하는 뮤는 세상과 이질적인 그들만의 음악적 색채를 뿜어낸다. 다른 사람들의 곡을 어떻게 연주하는지 몰라서 따로 배우지 않고 자신들만의 방식으로 음악을 풀어냈다는 천재성도 늘 뒤따라다닌다. 파멸하는 노이즈와 전개를 예측할 수 없을 정도로 미궁 속으로 빠져드는 구성, 그 위를 흐르는 감수성 짙은 황홀한 멜로디는 듣는 이를 환상의 세계로 이끈다.

병적으로 깡마른 육체, 눈보라에 젖어 처진 날개. 뮤라는 이름의 천사
는 강하지 않다. 하지만 그의 가느다란 호흡은 지구 위의 모든 불안한
정서를 감싸안는다. 깨어질 듯 여린 그들의 품속에서 우리는 온전히
보호받고 있었다. 현실과 차단된 음악은 대중으로부터 사랑받기 어
렵다는 말이 나돈다. 하지만 상처받은 자의 고통은 상처를 받아본 자
만 안다고 했던가. 사람들은 뮤의 음악에서 어긋나고 삐뚤어진 감성
을 찾아내어 교감하는 법을 알고 있다. 나도 마찬가지여서 무언가를
지우고 싶은 마음이 들 때마다 뮤를 찾았다. 눈물로 따가워진 볼을 부
비며 깊은 잠에 빠져들곤 했다. 지금 여기, 언제나 나를 따뜻한 날개
로 안아주던 천사를 찾기 위해 코펜하겐에 도착했다.

바람이 분다. 머리가 깨질 듯 차가운 공기. 눈을 감고 숨을 들이쉬자 겨울 냄새가 난다. 앙상하게 마른 나뭇가지 냄새, 낮은 기온을 견디지 못하고 조각나는 바위 냄새, 거리를 지나는 사람들의 건조한 살갗 냄새, 두툼한 코트와 꽁꽁 둘러멘 목도리에서 풍기는 먼지 섞인 모직 냄새, 얼어버린 강의 투박한 물 냄새. 겨울에서는 언제나 회색 냄새가 난다. 겨울 바람은 늘 이 냄새를 안고 내게로 불어온다. 목욕을 다녀오는 길, 젖은 머리칼과 뽀얗게 불어 오른 살갗 같은 개운함이 느껴진다. 하늘이 회색인 날, 공기가 회색인 날, 세상 모든 것이 회색인 날. 마음이 차분해진다. 세상 모든 것이 겸허한 자세로 가라앉고, 몇 가닥의 소음과 혼란마저도 잠시 쉬어가는 듯한 기분. 여기는 한겨울의 코펜하겐. 오늘은 회색. 바람은 그레이.

여기저기 아파. 지난 3주 동안 내가 지금껏 살며 먹었던 알약을 다 합친 것보다 더 많은 약을 먹은 것 같아. 오랜 시간의 삐딱함이 만들어낸 몸의 아픔. 치료중에 떠올라버린 너의 그 눈과 우리 사이의 온기와 한기, 그 모든 것들. 딱 그만큼의 시간과 공간의 무게가 궁금해져. 너무 오래 짊어지고 있었나봐. 매일같이 내 안에 품었던 그리움과 동경, 뭐 그러한 것들의 무게 말이야. 무거웠어. 여기저기 아파.

사람의 적은 사람이다. 사람과 사람은 만나서는 안 되는 존재이다. 누군가를 알게 된다. 자신도 모르게 호감을 품게 된다. 하지만 그 호감은 실망으로 끝나곤 한다. 서로의 유익을 위해 억지로 엮어진 관계는 항상 서로의 등을 보게 된다. 비즈니스는 결국 비즈니스에 불과하다. 사랑도 마찬가지다. 사랑은 해야 한다. 하지만 사랑을 믿어서는 안 된다. 누군가를 탐한다는 건, 누군가를 소유한다는 건 결국 그 사람을 포기한다는 걸 의미한다. 사랑은 이별을 품고 우리를 찾아온다.

가끔 공기에서는 소리가 난다. 높고 푸르른 하늘 밑 공기는 찰랑찰랑 부딪치는 소리를 낸다. 낮고 어둑한 하늘 밑 공기는 하염없이 가라앉는 소리를 낸다. 비라도 내리는 날이면 눈물이 뚝뚝 떨어지는 소리가 난다. 공기가 소리를 내는 날에는 너무도 반가워 밖으로 뛰쳐나간다. 그리고 눈을 감는다. 귀를 기울인다. 신발을 벗는다. 소리의 진원지를 찾아 어슬렁거린다. 이윽고 소리 나는 곳을 찾으면 그곳에 손을 얹어 조심조심 쓰다듬는다. 그 순간 공기가 모습을 드러낸다. 나는 나직한 목소리로 공기에게 말을 건다.

잘 있었니? 어제는 어디를 다녀왔니? 내일은 어디로 갈 거니?

그렇게 내 몸은 공기의 움직임을 좇는다. 언젠가, 어디선가, 눈을 감고 무언가를 쓰다듬는 나를 본다면 그냥 모른 체 지나가시길. 공기와 노니는 기쁨을 훼방하는 당신에게 버럭 화를 낼지도 모르니까.

집 한 채를 갖고 싶다. 비밀번호를 알면 누구라도 들어갈 수 있는 집, 누구라도 쉴 수 있는 집을 갖고 싶다. 자물쇠 비밀번호는 매일 바꿔야지. 매일 밤, 9시 뉴스가 끝나기 전, 유명 앵커가 내일의 비밀번호를 알려주도록 해야지. 그래서 매일 아침, 이런 말이 세상에 퍼지도록 해야지. 오늘의 비밀번호는 뭐야?

가만히 눈물이 흐르던 때가 있었다. 한 달을 꼬박 집에 박혀 있다가, 병문안이라며 찾아준 친구와 거리를 나섰다가 그만 눈물을 흘려버렸다. 사람들로 가득 찬 버스에서 손잡이를 잡고 차창 밖으로 스치는 일상을 무심코 바라보는데 눈물이 흘렀고, 텅 빈 집에 점심을 지어두고 나간 엄마의 작은 메모에 눈물을 흘렸고, 가족이 잠든 밤에 샤워기를 틀어둔 채 극도의 두려움에 울었던 때가 있었다.

누구나 살다가 한 번쯤 그런 때가 있다. 다시 돌이키고 싶지 않은 구
역질나던 시간들. 두 눈에 뜨거운 눈물이 흘러도 슬프지 않다. 어차피
잃을 게 없는 인생. 이제 와서 돌이켜보니 그때의 나는 그 시간을 견
뎌야 하는 내 자신을 증오했던 것 같다. 밑바닥에서 허우적거리는 나
를 삶으로부터 밀어내고 부정했던 것 같다. 신이 '완치'라는 진단서
를 끊어주기만을 기다리며, 날씨와 계절, 사람, 음악, 책 등을 핑계삼
아 스스로를 몰아세운 것 같다.

지금. 지금이 지나고 나면 모든 것이 그리울 테야. 나를 울게 했던 것들, 외롭고 지치게 했던 것들조차. 지금. 그렇다면 그 울음마저 사랑해야 할 테지. 북유럽. 거대한 땅 위에 나 홀로 서 있던 오늘마저 기억해야 할 테지.

누군가 묻는다. 도대체 음악이 어떤 힘을 가진 거냐고. 내 삶에 음악
이란 무엇이냐고. 어떤 말로도 제대로 형용할 순 없겠지만, 어려운 문
제도 아니다. 결국 사람이고 삶이다. 기타 하나로 사람의 영혼을 울리
는 힘을 가진 사람들, 음악 속에서 가장 자유로운 사람들. 음악을 통
해 이렇게나 좋은 사람들을 만나왔고 또 만나게 될 거라고. 그 사람들
덕에 내 삶은 조금 더 행복에 가까워지고 있다고.

그렇게 살다가 여행을 겪게 되었다. 가방을 꾸리던 순간, 나는 여행에게서 해방이나 자유를 기대했었다. 하지만 떠난 후에야 비로소 알게 되었다. 여행은 나에게 해방과 자유 대신 깨달음을 안겨주었다. 지독하리만치 어두웠던 기억, 고개를 절레절레 흔들고 싶은 참혹했던 과거도 결국 내 삶이라는 걸 가르쳐주었다. 저기에서 두려움에 떨며 웅크리고 있던 시간들이 여기로 넘어오는 순간에 여행이 있었다. 어딘가로 떠나는 시간 위에, 시시각각 변하는 차창 밖 풍경 속에 내가 지켜야만 하는 내 생명이 있었다. 여행에서 만난 세상은 분명 새로웠다. 세상은 믿지 못할 정도로 아름다웠다. 여행은 그렇게 나와 내 속의 나를 화해시켜주었고, 위로해주었으며 치료해주었다. 그렇게 나는 단단하고 소중한 나의 공간을 조금씩 넓혀 나갔다. 결코 무너지지 않는, 배신하지 않는.

코펜하겐. 화려한 중세 건축물과 넘실거리는 인구, 사람 수보다 몇 배는 많아 보이는 자전거들, 안데르센의 아름다운 뉘하운, 북적거리는 패션의 거리 스트뢰에, 뮤의 신보가 여기저기 걸려 있는 음반가게, 히피들의 환각제, 자유의 크리스티아나…… 코펜하겐은 부족함이 없었다. 하지만 세상 어느 곳도 영원한 행복을 보장해주지 않는 법. 코펜하겐에서 맞이하는 네번째 아침. 침대에서 눈을 뜨자마자 미적지근한 권태가 밀려왔다. 나흘 동안 한 번도 햇빛을 보지 못한 탓일까. 핑, 하고 현기증이 밀려왔다. 이층침대에서 내려와 라임색 커튼을 걷는다. 호텔의 9층에 위치한 내 방은 코펜하겐의 아름다운 항구와 중후하고 차분한 중세풍 건물들이 한눈에 들어오는 명당이었다. 6인실이라 아주 싼 값이라는 비밀을 감추고 있지만.

오늘도 해는 뜨지 않을 모양이다. 한겨울 덴마크는 태양의 존재를 잊게 할 정도로 어둑하다. 꽁꽁 얼어붙은 강의 표면과 쉬지 않고 달리는 자전거들, 고고하게 솟아 있는 시청의 지붕이 나의 권태로움을 자극할 뿐. 온몸에 빠져나가는 기력을 애써 붙잡은 채로 침대에 올라 지도를 펼쳤다. 바다. 살아 있는 곳이 필요해. 코펜하겐에서 가장 가깝고 가장 빠르게 갈 수 있는 바다를 찾기로 했다. 여행 가이드 북과 호텔에 쌓여 있는 몇 장의 안내서와 자그마한 지도에 몇 개의 표시를 하고, 최소한의 짐만 싸들고 기차역으로 향했다.

헬싱괴르_{Helsingør}. 도시의 권태로운 멀미를 달래기 위해 무작정 떠나
온 곳. 계획에 전혀 없던 곳에서 첫 스칸레일패스를 개시했다. 바들바
들 떨리는 손으로 대장정의 10분의 1을 그어냈다. 코펜하겐 중앙역
에서 기차로 50분만 달리면 도착한다는 것, 셰익스피어의 『햄릿』의
무대가 된 크론보르 성이 있다는 것을 달리는 기차에서 알 수 있었다.
하지만 지금은 한겨울. 얼어붙은 질랜드 섬 북쪽에서 나는 혼자였다.
40분 후, 높은 건물이 거의 보이지 않는 한적한 시골 마을에 기차는 나
를 데려다주었다.

헬싱괴르 역을 나오자 차가운 공기와 낮은 오렌지색 지붕들이 나에
게 인사를 건넨다. 작은 마을을 걸어 북으로 북으로 향했다. 마을은
작고 포근했다. 커다란 성벽들과 해면에 둘러싸인 크론보르 성을 향
해 걸은 지 얼마 되지 않아 탁 트인 바다가 눈앞에 나타났다. 거대한
규모를 자랑하는 크론보르 성과 외레순의 해안. 성의 앞문에는 포세
이돈과 헤르메스가 과거 덴마크의 영화로웠던 해상무역을 기억하는
듯 자리를 굳게 지키고 있었다.

한 칸, 두 칸, 세 칸…… 계단을 올랐다. 코펜하겐에서 턱 막혔던 숨이
탁하고 트이는 기분. 축축한 하늘빛에 반사된 회색 바다의 얼음 조각
과 선박들이 외레순을 지나 스웨덴을 향해 흐르고 있었다. 햄릿의 성
에는 아무도, 아무것도 없었다. 광대한 성과 광활한 외레순 해협, 그
리고 나만이 새근새근 숨을 고르고 있었다. 바다에 오길 정말 잘했다.
출렁이며 절벽을 튀어오르던 파도와 하늘을 반사해내던 빙하를 영원
히 잊을 수 없을 것이다. 세상의 소음을 뒤로하고 몸으로 누린 자연 앞
에서 나는 햇살 속에서 반짝반짝 빛을 내며 사라지는 먼지 덩어리에
지나지 않는 걸 바다는 소리 없이 말해주었다. '하지만 당신은 비행
기와 기차를 타고 이곳에 와 아이팟을 들으며 노트북으로 글을 쓰고
있군요.'

정확하게 산다는 것. 분석하고, 공부하고, 결론을 내려야 직성이 풀리는 삶은 정이 가지 않는다. 직관에 맡기는 것. 일단 일을 저지르고 보는 것. 나중에 내가 한 일에 의미를 부여하는 것. 나의 오감伍感을 믿는 것. 나의 본능에 나를 내맡기는 것. 그것이 인간적인 삶이다. 그것이 바로 나다운 삶이다. 하지만 세상은 항상 무언가를 요구한다. 내가 생각하는 것을 알려고 하고, 내가 느끼는 것을 궁금해 한다. 삶이 때때로 힘든 건 그래서이다. 그것이 해피엔딩이건, 새드엔딩이건 '끝'을 미리 알고자 하기 때문이다.

머리를 비우고 싶다. 머리를 무언가로 꽉 채우는 건 좋지 않다. 비워내고 게워낸 머릿속에 어떤 날은 자유가 드나들고, 어떤 날은 호기심이 드나든다. 머리가 비워진 만큼, 내 삶은 가벼워지고, 내 영혼은 하늘을 날게 된다. 심장을 도려내고 싶다. 심장을 사랑으로 꽉 채우는 건 옳지 않다. 도려내고 잘라낸 심장에 타인을 이해하는 마음이 자라면 좋겠다. 심장이 잘린 만큼, 우리의 사랑은 가벼워지고, 더 오래 사랑할 수 있다.

그날, 나와 너는 오랜만에 만났던 걸로 기억해. 오랫동안 연락도 못한 탓에 미안한 맘이 컸지. 너를 만나러 가는 길. 지하철에서 손목시계를 풀어 가방에 넣었어. 너를 만난 후 내가 다시 시간을 확인했을 때, 여섯 시간이 흐른 뒤였어. 그 시간 동안 단 한 번도 시간이 궁금하지 않을 만큼 즐겁게 웃게 해줘서 고마워. 맑게 웃어주어서 고마워. 고마운 너에게.

무서운 방이 있다. 창문은 있는데 햇살이 안 들던 방. CD는 있는데 CD플레이어가 없던 방. 음악이 없는 그 방은 참, 무서웠다. 그래서 떠나왔다. 해가 가득 드는 창밑에서, 책도 읽고 편지도 쓰고 사놓고서 재생조차 못해본 CD들을 듣고. 그러는 사이 내 앞을 굴러다니는 음악 속 추억의 조각들. 굴러 다닌다 자꾸. 또 굴러간다.

여행이란 역사를 만나는 일이었다. 어제에서 오늘로 이어져온 당신의 역사. 눈앞에 마주한 나무 한 그루, 질푸른 호수, 누군가의 집, 버려진 자전거 그리고 흩날리는 눈발에 마저도 당신의 역사가 배어 있다. 오로지 나밖에 몰랐던 내 삶에, 당신의 역사가 들어온 건 순전히 여행 덕분이다. 나를 중심으로 벌어지는 일들이라고 생각했던 세상의 무수한 현상들. 그 움직임 속에 사실은 몹시도 깊고 오래된 누군가의 하루가 담겨 있었음을, 몰랐었다. 그 안에 내가 아닌 다른 누군가의 어제가 새겨져 있음을 알아차린 순간, 나는 이 세상의 일부로, 오늘의 역사로 자리하기 시작했다.

가끔 '섬'처럼 살고 싶다. 나 홀로 남겨지고 싶다. 소속감도, 의무도, 책임도 없는 그런 삶. 사람들을 의식하지 않는 삶. 의식하지 않아도 충분한 그런 삶. 불친절한 삶. 불투명한 삶. 내 안을 보여주지 않아도 되는 삶. 그렇게 살고 싶다. '섬'처럼 살고 싶다.

마음이 부서졌다. 마음을 지탱하고 있던 기둥이 무너졌다. 마음을 이고 있던 자존감도 삭았다. 마음을 지켜주던 벽은 구멍이 뚫려 있다. 그런데도 슬프지 않다. 편안한 기분. 더이상 잃을 게 없다는 기쁨. 그 순간, 너덜거린 벽의 구멍 사이로 햇살이 들어온다. 따뜻한 공기가 스며든다. 아직 나는 살아 있다.

말을 하지 않아도 모든 걸 아는 사람이 좋다. 항상 나를 보고 있지만 나를 감시하지 않는 사람이 좋다. 나를 항상 다독이지만 귀찮게 하지 않는 사람이 좋다. 내가 웃으면 그 웃음소리의 청명함을 사랑하고, 내가 울먹이면 눈물의 의미를 사랑하는 사람이 좋다. 그런 사람이 좋다. 나도 그런 사람이 되고 싶다.

찬란했던 겨울 호수 얼어붙은 기억, 깨진 틈 사이로 흐르는 맑은 하늘
과 귓가에 부서지는 눈 쌓이는 소리. 잊었던 날들 떠올리며 멍해지는
머리. 끝없이 이어지던 발걸음이 멈추고 침묵소리가 무겁게 내 맘을
때릴 때, 메마른 먼지 냄새 코끝을 울리고 가고 차가운 바람 들이키며
멍해지는 머리.

– 짙은 〈December〉

알랭 드 보통은 『여행의 기술』에서 말한다.

왜 다른 나라에서 현관문 같은 작은 것에 유혹을 느낄까?
왜 전차가 있고 사람들이 집에 커튼을 달지 않는다는 이유로
어떤 장소에 사랑을 느낄까?

그런 작고 (또 말없는) 외국적인 요소들이 강렬한 반응을 일으킨다는
것이 터무니없어 보일지도 모른다. 그러나 우리 삶의 다른 곳에서도
비슷한 반응 양식을 쉽게 찾아낼 수 있다. 우리는 사랑의 감정이 상대
가 빵에 버터를 바르는 방식에 닻을 내리고 있다는 것을 깨닫기도 하
고, 또 상대가 구두를 고르는 취향을 보고 자신도 모르게 움찔하기도
한다.

여행을 좋아하는 사람이라면 누구나 한 번쯤 울컥하며 마음이 꽉 차는 느낌을 받았을 구절. 알랭 드 보통은 '이국적인 것'에 대해 말하고 있다. 사람들은 이국적이라는 단어 앞에서 중세시대 유럽의 건축물, 네덜란드의 풍차와 튤립 정원, 에메랄드빛 지중해 연안에서 즐기는 여유로운 휴양지 풍경을 떠올린다. 그러나 여행을 '좀' 다녀본 자들은 알고 있다. '내가 다른 곳에 와 있구나'라는 느낌을 받는 순간은 아주 작은 부분에 있다는 걸.

그건 노르웨이에서도 마찬가지여서, 거대한 산맥을 타고 흐르는 광활한 피오르를 마주하거나 하얗게 뒤덮인 북극권 라플란드에서 순록이 끄는 썰매를 탈 때 별다른 감흥을 얻지 못했다. 오히려 샤워기를 틀자마자 밀려드는 유황 냄새 가득한 물(온천수)이나 바나나가 걸려 있고 갖가지 유제품 사이에서 가장 덜 느끼한 라면을 찾아 헤매던 슈퍼마켓, 간신히 찾은 유스호스텔에서 환한 웃음으로 나를 반겨주는 직원에게 예약을 확인하고 받아든 새하얀 린넨과 수건, 카드키, 이불과 커튼, 샴푸 냄새 풀풀 풍기는 도미토리가 나에겐 '이국적'인 기억으로 남아 있다.

북유럽에서 나는 일종의 여행자의 공식을 풀어냈다. 혹시 일상생활에서 다음의 행동들을 무심코 하는 자들을 본다면 십중팔구 삶을 여행스럽게 대처하는 자들, 곧 세상을 떠도는 여행자라고 봐도 좋다.

◎ 이불의 양끝에 손을 넣고 한 번에 이불솜을 싼다.
◎ 스케줄을 정할 때 '만약에 안 될 수도 있으니까'라는 말을 밥 먹듯 한다.
◎ 아무것도 아닌 것에 자신만의 소중한 의미가 있다. 공기, 바람, 냄새……
◎ 지도나 주소를 보고 찾아가는 걸 흥미로워한다.
◎ 물어본다고 돈 드는 거 아니잖아, 아~ 또 떠나고 싶다, 이건 고생한 나를 위한 선물이야 등의 말을 종종 내뱉는다.

◎ 중요한 건 생각보다 작은 데 있다는 걸 잘 알고 있다(변압콘센트, 카드분실 신고번호, 서머타임……).

◎ 보딩패스, 몇 번째 칸 열차의 몇 번 자리, 공항버스, 호텔 비누 등을 보면 흥분한다.

◎ 비행기 좌석은 창가 말고 통로 쪽을 선호한다.

◎ 내가 중요하다. 내 시간, 내 공간!

◎ 그렇기에 타인의 세상도 중요하다는 걸 알고 있다.

◎ 유스호스텔증, 국제학생증, 유레일패스, 땡처리 저가항공 등 최저 가의 미학을 안다.

◎ 집이 최고라는 사실을 누구보다 잘 알고 있다.

위험하지 않아? 무섭지 않아? 라고 묻지 않아도 돼.
사람의 흔적이 닿은 곳이라면,
세상 어느 곳이
위험하지 않을까.

중요한 건
바로 너.
It's up to you.
믿어봐.
무엇이든 할 수 있는
너 자신을.
세상 어디에 있어도
어느새 웃으며 갈 길을 찾아가는
너를
발견하게 될 테니까.

세상은
네가 있다는 이유만으로
여전히
그렇게
아름다워

여행 정보

2. 덴마크

◆ 독일의 북쪽, 유틀란트 반도에 위치한 작은 나라 덴마크. 우유와 치즈, 레고로 잘 알려진 나라다. 한때 스웨덴과 북유럽의 주도권을 놓고 다툰 북유럽의 강대국이었다. 철학자 쇠렌 키에르케고르와 동화작가 안데르센 등으로 대표되는 풍부한 문화적 배경을 가지고 있다. 바이킹의 나라답게 고대 바이킹 배와 유적들을 만날 수 있고, 다양한 시대에 건설된 웅장한 성당, 셰익스피어의 『햄릿』의 무대가 된 크론보르 성 등이 대표적인 문화유산이다.

◆ 아이슬란드처럼 덴마크도 해류의 영향으로 2월 평균 기온 영하 0도 정도의 그리 춥지 않은 겨울 날씨를 가지고 있다. 8월 평균 기온은 15.7도로 연교차가 크지 않다. 덴마크는 1년에 120여 일간 비가 내릴 정도로 비가 자주 내리지만, 연간 강수량은 700밀리미터 정도로 그리 많지 않다.

◆ 덴마크는 빙하의 흐름으로 형성된 지형이다. 빙하 흐름에 의한 침식작용으로 가장 높은 산이 해발 131미터에 불과할 정도로 평탄하다. 하천은 그다지 발달하지 않은 대신, 1008개의 많은 호수를 가지고 있다.

◆ 천여 년 전, 북해의 어부들에 의해 건설된 도시 코펜하겐은 유틀란트 반도 동쪽에 위치한 젤란 섬에 위치해 있다. 이 도시가 덴마크의 수도가 된 것은 15세기부터. 청어잡이하던 어항은 덴마크의 왕 크리스티안 4세에 의해 덴마크 왕국의 수도로 바뀌었고, 19세기까지 스칸디나비아 지역의 중심 역할을 했다.

◆ 코펜하겐은 1시간 안에 도심을 걸어다닐 수 있다. 지하철, 기차, 버스 노선이 잘 갖춰져 있어 도심에서 벗어난 먼 곳도 여행하기에 좋다. 또한 자전거 도로가 발달해 있어 자전거로 여행하는 것도 권할 만하다.

◆ 코펜하겐은 지하철과 버스, 기차가 통합되어 있다. 대중교통은 한국과 유사한 거리 비례 요금제를 적용하고 있다. 2구간까지 기본요금 24크로네이며, 시내 대부분이 2구간 내에 해당된다. 승차권 구입 후 1시간까지는 자유롭게 환승이 가능하다. 만약 헬싱외르나 젤란 섬 북부 해안으로 당일 여행을 떠나고자 한다면 모든 구간에 무제한 요금제를 적용하는 24시간 패스를 구입하면 된다. 성인 패스는 130크로네, 아동은 65크로네.12세 이하 아동 2인까지는 성인과 동행시 무료 승차 혜택을 받는다.

◆ 코펜하겐에서는 매년 6월 '로Raw'와 '코펜하겐 디스토션'이라는 일렉
트로닉 음악 축제가 열린다. 코펜하겐 디스토션은 코펜하겐 시내 전
역에 걸쳐서 열리는 거리 축제인데, 만약 조금 차분하고 가족적인 분
위기를 느끼고 싶다면 8월에 열리는 스트룀에 참여하는 게 좋다. 코펜
하겐 디스토션www.cphdistortion.dk 스트룀www.stromcph.dk

◆ 바와 클럽, 카페, 미술관 등이 결합된 복합 문화공간인 게패를리히
www.gefahrlich.dk, 세계적인 명성을 가진 클럽 컬처박스www.culture-
box.com 같은 클럽들을 방문하면 덴마크의 일렉트로닉 음악을 접할
수 있다. 소란스러운 음악이 취향에 맞지 않는다면 재즈 클럽 라퐁텐
www.lafontaine.dk을 추천한다.

◆ 코펜하겐의 북쪽에 위치한 항구도시 헬싱외르는 쇼핑하기에 좋은 도
시다. 무료로 이용 가능한 주차 공간이 2천여 곳이 있어서 주차 걱정
하지 않고 쇼핑을 즐길 수 있다. 30분 간격으로 스웨덴 헬싱보리를 오
가는 페리가 있어서 쇼핑을 위해 이곳을 찾는 스웨덴 사람들도 많다.
하지만 헬싱외르의 명소는 역시 『햄릿』의 무대로 이름난 크론보르 성
이다. 젤란 섬 북부의 여행 정보를 제공하는 www.visitnorthsealand.com
에 방문하면 헬싱외르 뿐만 아니라 헬싱외르 인근 다른 도시들에 대
한 정보도 얻을 수 있다.

◆ 북유럽에서 가장 중요한 성 중 하나로 꼽히는 크론보르 성은 16세기 젤란 섬과 스웨덴 사이의 외레순 해협을 지나는 선박들을 통제하기 위해 건설되었다 이 성에서 걷은 통행료와 세금 덕분에 덴마크는 막대한 부를 쌓을 수 있었다. 『햄릿』에 등장하는 엘시노어 성으로도 유명한 이곳에서는 여름마다 '햄릿 페스티벌'과 연극 공연이 열린다. 왕실의 사냥 별장으로 사용된 프레덴스보르 성도 이 도시의 자랑으로, 울창한 숲과 아름다운 정원이 있어 산책을 즐기기 좋다.

3.
Sweden,

낯선 비행

Kent

항네스타힐Hagnestahill에서 등을 돌리고 내려오는 길, 나는 가만히 눈을 감았습니다. 하얀 입김을 내뿜던 그해 겨울, 엄마의 따뜻한 품속을 벗어나 처음 세상을 바라보았던 그때를 떠올립니다. 먼지 냄새가 자욱한 스톡홀름의 작은 방. 무릎이 다 뜯겨진 새파란 청바지와 빨간 체크남방의 그 사람을 기억합니다. 젊음에 모든 것을 내던졌던 시절, 커다란 배낭을 메고 다른 세상을 바라보는 그의 옆모습을 볼 때마다 나는 매일 밤을 아파했습니다. 진회색 후드 티도 기억납니다. 옷에 스민 향수 냄새와 섬유유연제 냄새를 맡으며 행복해하던 얼굴을 떠올립니다. 기타를 치는 가늘고 긴 손가락과 어깨, 눈 그리고 그의 색이 생각납니다. 그 선율에 하나가 되어 도대체 몇 개의 새벽을 거스르고 말았는지요.

우리는 작은 소망을 안고 힘겨운 날갯짓을 해보았지만, 이내 세상 아래로 곤두박질치고 말았습니다. 세상으로의 추락. 떨리는 손으로 기타를 잡고 영국의 어느 밴드를 흉내내며 처음 합주를 마치던 날의 설렘. 소중한 사람들, 우리만의 정직한 소리, 작은 일에 아파하던 순수, 이유 없이 눈물 흐르던 순정. 자유를 노래하던 어린 날의 동화가 지금도 문득 떠오릅니다.

나는 이 모든 기억을 항네스타힐에 꼭꼭 묻었습니다. 정신을 집중해 차곡차곡, 그때의 사랑하는 날들을 이곳에 묻었습니다. 그 기억을 묻은 항네스타힐을 향해 몇 번이고 손을 흔들었습니다. 세차게, 후회 없이, 그렇게 수없이 손을 흔들었습니다. 눈물이 났습니다. 조금씩 조금씩, 아주 많이 흘렸습니다. 하지만 나는 그 언덕을 절대로 돌아보지 않을 것입니다. 세상에서 가장 소중한 추억들은 세상 밖으로 나와서는 안 된다는 믿음이 저에겐 있기 때문입니다.

내가 항네스타힐에 다시 온 이유는 가장 사랑했던 때라고 기꺼이 말할 수 있는 그 시절, 그 추억을 함께해주었던 켄트에게 고마움을 전하고 싶었기 때문입니다. 그들의 고향, 에스킬스투나Eskilstuna. 이곳에 오기 위해 나는 스톡홀름에서 계획에 없는 스칸레일패스를 그었습니다. 그들이 풀어내는 이야기, 그들만의 느낌에 진심으로 다가가고 싶었습니다.

에스킬스투나 역에 내리자 비가 내렸습니다. 기다렸다는 듯이. 다행히 역 앞에 세워진 에스킬스투나 지도의 오른쪽 끝에 항네스타힐 언덕이 표시되어 있습니다. 반가움을 숨기지 못하고 재빨리 지도를 카메라에 담았습니다. 심장이 터질 듯 두근거렸습니다. 귓가에는 〈Hagnestahill〉 앨범의 노래들이 차례차례 울려퍼지고 있었습니다.

* 항네스타힐Hagnestahill: Kent의 고향 에스킬스투나Eskilstuna에 위치한 지명. 그들의 첫번째 연습실이 위치했던 곳이자, 1999년에 발표한 4집 앨범 이름이다.

고마워요,

고마워요,

고마워요,

켄트.

음…… 더이상 거짓말을 할 수 없군요. 그래요, 사실 나는 언덕이 눈에 보이지 않을 때까지 몇 번이고 뒤를 돌아보고 말았습니다.

내 소중한 추억들을 잘 부탁한다고 몇 번씩 되뇌었습니다.

항네스타힐, 안녕. 나는 다시는 널 찾지 않을 거야.

잘 지내야 해.

항네스타힐, 안녕. 스무 살 내 기억들도 안녕.

켄트도 안녕.

감수성 짙은 북유럽 밴드 켄트. 1990년 스웨덴 남동부의 에스킬스투나에서 결성된 얼터너티브 록 밴드다. 요아킴 베리Joakim Berg, 마틴 셸드Martin Skold, 사미 시르비외Sami Sirvio, 마르쿠스 무스토넨Markus Mustonen 등 4인조로 이루어졌다. 스웨덴 그래미 상 최다 수상 기록을 보유하고 있는 스웨덴을 대표하는 국민밴드다. 켄트의 음악을 사랑하는 사람들은 흔히 '북유럽 감성'이라는 수식어를 사용한다. 차가운 눈보라처럼 불안한 신시사이저의 울림, 투박하고 강렬하게 쏟아지는 비트, 칠흑 같은 어둠에 내려앉는 오로라 같은 극적인 멜로디, 얼음장처럼 차가운 요아킴의 음성……. 소름 끼치도록 광활하고 음울하게 펼쳐진 숲과 호수, 라플란드를 달리는 허스키와 순록, 끝없이 이어지는 혹한의 겨울과 지지 않는 백야의 여름이 손에 잡힐 듯 만져지는 까닭은 차갑고 투명한 그들의 음악 때문일 것이다.

나 역시 켄트의 음악을 들을 때마다 차가운 스톡홀름을 떠올리곤 했
다. 커다란 옷을 걸치고 무거운 워커를 신은 채 넓은 도로를 밤새 걸
었다. 거리는 두껍게 얼어 있었다. 삭막하고 황폐한 히피의 마을에
는 로맨스가 불어오고 있었다. 높은 키의 가로등은 오렌지빛을 자아
내고, 그 빛 사이로 고독을 품은 담배연기와 연인들의 깊은 스킨십,
그리고 길 잃은 어린 여행자의 흔들리는 눈빛이 존재했다. 그리고 지
금 나는 그 상상이 현실로 분한 스톡홀름의 밤길을 걷고 있다. 뚜벅뚜
벅……. 켄트의 음악과 함께.

나에게 켄트는 여행의 첫 시작을 알리는 서곡이다. 나는 어디를 향하든지, 비행의 첫 순간에 그들의 [Isola(섬)] 앨범 중 〈747〉이라는 곡을 선택한다. 7분 47초의 긴 러닝타임을 달리는 이 곡은 켄트의 곡 가운데 두번째로 긴 곡이자 수많은 팬들이 가장 소중한 곡으로 뽑는 목록이며, 공연의 피날레를 장식하는 것으로 유명하다. 타다다다 탁, 타다다다 탁. 기나긴 비행의 서막을 암시하는 희망차면서도 경건한 스네어 소리, 동화책 첫 장을 펼치는 듯 두근거리는 기타 리프. 켄트의 음악과 함께 나는 늘 낯선 곳을 향한 새로운 여행을 시작했다.

푸른 산을 곁에 두고 싶은 본능. 흐르는 강물을 물끄러미 바라보고 싶은 본능. 불어오는 바람에 몸을 맡기고 싶은 본능. 비 내리는 거리를 뒹굴고 싶은 본능. 바로 자연 본능.

김이 빠진 콜라. 녹아내리는 아이스크림. 눅눅해진 크래커. 방전되기
직전의 휴대전화. 애국가가 흐르는 텔레비전. 식어버린 김치찌개. 뉘
엿뉘엿 저물어가는 저녁놀. 퍼붓기 시작한 소나기. 마르기 시작한 물
감. 저장해두지 않은 파일. 지금 내게서 떠나는 당신의 마음…… 도무
지 어찌할 수 없는 것들.

눈발이 흩날리는 풍경은 인간을 한없이 작게 만드는 구석이 있다. 특히나 여기에서는 더더욱 그렇다. 인간은 한없이 작기만 하다. 그동안 스스로 엄청난 존재인 듯 살아왔던 너와 나, 우리를 숙연해지게 만든다. 나 홀로 걷는 북유럽의 어느 땅. 갑자기 눈발이 흩날린다. 흩날리는데, 그래도 마음 한 편에 네가 있어서, 귓가를 맴도는 음악이 정말이지 다행이라고 생각해버렸다. 나는 작지만, 너는 크다.

해가 없는데도 눈이 부신 날. 왜 이렇게 눈이 부시지. 이곳에서 사실 난 많이 긴장하고 있어. 많이 걱정하고 있어. 설렘을 가장한 두려움에 떨고 있어. 어설프게 웃음 짓고 있어. 해가 없는데도 눈이 부신 날. 무심코 얼굴을 찡그려. 그 찡그린 얼굴로 몰래 울어. 왜 이렇게 눈이 부시지.

걸을 때마다 달그락 달그락. 오랜만에 연필을 깎아서 철로 된 필통에
넣었다. 자꾸만 달그락 달그락하니 푸훗, 하고 웃어버렸다. 질푸른
산 냄새. 아주 오래 전에 와본 듯한 곳. 여러 개의 벤치 중 하나를 골라
앉는다. 달그락거리던 소리도 그만, 그친다. 나는 왜 하필이면 지금
이 숲에 있는지, 하필이면 왜 오늘 연필과 철필통이 달그락거리는지
모르겠다. 그 찰나를 기억하고 싶어 카메라를 꺼냈다. 이런 게 사진이
라면, 평생 사진을 찍고 싶다 생각하는 순간, '찰칵' 하고는 세상이 멈
추어버렸다 그만.

힘겨워 보인다. 하필 오르막이다. 남들이 버린 물건이 잔뜩 쌓인 리어
카를 끌고 어디론가 향하는 어르신을 볼 때면 그냥 부끄러워진다. 지
금 내가 누리는 모든 삶이 하염없이 부끄러워진다. 죄송하다는 말로
는 담을 수 없는 감정의 물결. 그럴 때면 눈을 감는다. 기도를 드린다.
그분의 육신은 버거울지라도 영혼은 평안하게 해달라고, 행복하게
해달라고 기도 드린다. 산다는 게 더이상 평등하지 않은 지금, 내가
할 수 있는 건 아무것도 없다.

마법의 장소들은 언제나 지극히 아름답고, 하나하나 음미해야 마땅하지. 샘, 산, 숲, 이런 곳에서 대지의 정령들은 장난을 치고, 웃고, 인간에게 말을 걸어. 당신은 지금 성스러운 곳에 와 있는 거야. 이 장소가 당신에게 새와 바람을 보여주고 있잖아. 신께 감사하도록 해. 보내주신 작은 새들과 불어오는 바람, 이곳에 깃든 정령들에 대해.

– 파울로 코엘료 『브리다』

낯선 곳에 도착하면 대부분 그 지역의 중심을 찾게 된다. 편하고 빠르게 살아가려는 인간의 기본적인 생의 의지. 하지만 나는 낯선 곳에 도착하면 가장 먼저 지도에서 '푸른 곳'을 찾는다. 호수, 강, 해안, 숲, 공원. 그래서 지금, 나는 푸른색과 세상의 냄새가 아름답게 공존하는 말뫼malmö에 있다. 푸름이 없는 세상을 난 상상할 수 없다. 지금 우리는 하늘색을 하늘에 그리지 못하고, 나무색을 나무에 그리지 못하는 세상을 만들어가는 건 아닐까.

라디오 디파트먼트The Radio Dept는 요한 더캔슨Johan Duncanson(기타, 보컬), 마틴 라슨Martin Larsson(기타), 다니엘 차데르Daniel Tjader(키보드)로 이루어진 스웨덴 룬드 출신의 드림 팝 밴드다. 노이즈가 잔뜩 묻은 기타와 몽롱하게 부서지는 신시사이저의 울림 속에 감정 없이 무미건조한 보컬이 내려앉는다. 라디오 디파트먼트의 음악은 뜨거운 체온을 앗아가는 차가운 공기의 개운함이다. 이들의 음악은 기분 나쁘리만치 투명한 공기 속에서 들어야 한다. 왠지 모르게 불안하고 위태롭게 넘어가는 멜로디, 그 속에서 절묘하게 균형을 잡아내는 잔잔한 사운드. 가슴속에서 차오르는 울음을 참아내는 당신과 함께 듣고 싶은 몇 안 되는 음악.

어울리지 않게, 스톡홀름에서 나는 매일 아침 7시에 하루를 시작했다. 겨울, 스톡홀름의 아침. 유스호스텔 밖으로 뛰쳐나가 물냄새 묻어나는 새파란 공기를 맘껏 흡입하면 새삼 살아 있음을 느끼게 된다. 그런데 오늘 아침 7시는 왠지 모르게 불안하기만 하다. 지난밤, 12인용 도미토리를 유영하던 졸음의 기운들이 시계의 알람 소리에 공중분해되는 순간, 나는 짐짓 비장한 표정을 짓고 있었다. 오늘은 스톡홀름에서의 마지막 날. 나는 곧 발트 해를 가로질러 헬싱키로 날아가야 한다.

여행의 즐거움인 아침식사를 생략하고, 가볍게 씻고 난 후 바쁘게 짐을 쌌다. 유스호스텔에서 가까워진 친구 에밀리가 내 짐을 맡아주기로 해 그만큼 마음이 가벼워졌다. 스톡홀름에서 머물렀던 2주 남짓의 시간만큼 내 짐은 불어나 있었다. 시간이 지날수록 여행 가방에 더해지는 것은 짐이 아니라 귀찮음의 두께일지도 모른다는 생각이 들었다. 엉덩이의 힘을 빌려 간신히 눌러 채운 캐리어와 배낭을 끌고 에밀리의 방으로 향했다. 어젯밤, 유스호스텔에서의 마지막 밤이라며 이곳에 머문 친구들과 거하게 마신 탓인지 그녀의 방 비밀번호가 생각이 나지 않는다. 한 번, 두 번, 세 번, 네 번의 시도 끝에 겨우 성공했다.

4인용 도미토리. 짐들은 여기저기, 사람은 아무도 없었다. 그녀의 침대 뒤에 짐들을 내려놓자 평안함이 찾아왔다. 체크아웃하는 날이면 늘상 겪어야 했던 고달픔. 다음 여행지까지 나와 동행해야 하는 짐 때문에 온몸이 흥건히 젖고 짜증이 물밀 듯 밀려왔지만, 헬싱키까지의 여행은 다를 것 같아 기분이 좋았다. 호스텔을 나서며 재빨리 음악을 꺼냈다. 켄트의 〈Sverige〉. 오늘은 하루종일 이 곡을 듣게 될 것 같다.

스베리예. 오늘 나는 스베리예와의 완전한 이별을 준비해야 한다. 일주일 동안 쉬지 않고 누비던 쇠더맘Sodermalm 지역을 빠져 나와 감라스탄으로 내려가는 길. 조각조각 찢어져버린 스톡홀름의 지도도 더는 필요하지 않다. 횡단보도 신호등을 저마다 융통성 있게 사용하는 스웨덴 사람들의 거침없는 발걸음도 낯설지 않다(유모차를 제외하고, 그들이 신호등을 지키는 것을 한 번도 본 적이 없다). 분명한 건 오늘은 마음속 깊이 담아둔 스톡홀름과의 마지막 날이고, 나는 다시 감라스탄을 걷기로 했다는 것. 감라스탄을 내려올 때마다 나는 묘한 쾌감을 느끼곤 했다. 한껏 높아졌다가 갑자기 탁~하고 트이는 이곳에서 나는 세상을 정면으로 마주할 수 있었다. 크고 깊게 호흡할 수 있었고, 멀리 내다볼 수 있었다. 그 시선의 끝에, 그 호흡의 종착지에는 언제나 바다가 있었다.

Velkommen, Velkommen(Welcome, Welcome).

귀에서는 끊임없이 요아킴의 목소리가 들려온다. 진정으로 환영받고 있다는 느낌. 지금, 모든 것이 감사하다. 그래서일까. 아침의 비장한 각오와 달리 스톡홀름과 쉽사리 작별할 수 없을 것 같다. 오래된 친구 와 같은 도시가 있다는 말을 믿지 않았던 나의 오만함이 무너지는 순 간. 생의 절반 이상을 살아온 것 같은 느낌의 이 도시를 좀처럼 잊을 수 없을 것만 같다. 이 도시를 한눈에 담을 수 있는 곳, 그래서 생의 마 지막 순간에 선명히 떠오를 수 있는 이미지를 찾아야만 했다. 어디를 가야 할까. 그래, 가장 높은 곳에 올라보자. 그곳에서 물을 가득 안은 스톡홀름의 나신裸身을 한눈에 담아보자.

어둠이 좋다. 어둠 속에 혼자 있는 게 좋다. 어둠은 내 머릿속에 불을 밝힌다. 머릿속에 들어 있는 상상에 빛을 비춘다. 밤이 오면 내 몸은 꿈틀거린다. 몸속의 세포가 발기하는 느낌. 밤은, 어둠은, 나를 깨운다. 대지를 적시는 달빛소리, 나뭇가지를 흔드는 바람소리, 조곤조곤 귓속말을 나누는 고양이소리가 나를 곤두서게 한다. 밤을 까맣게 지새웠다는 말이 없는 건 너무도 당연하다. 밤은 하얗게 새우는 것이다.

사진을 보았다. 이름을 알 수 없는 누군가의 사진. 지금은 세상에 없
다는, 죽었다는 한 여인의 사진. 조금씩 빛이 바래기 시작한 사진 속
그녀는 잠을 자는 듯했다. 평온했다. 그녀의 모습에서 죽음은 느껴지
지 않았다. 죽음의 이미지를 찾을 수 없었다. 삶과 죽음. 의식과 무의
식. 잠은 그 사이와 경계를 이어준다. 잠에서 깨어나면 삶이고, 잠에
서 일어나지 못하면 죽음인지 모른다.

고개를 들었다. 하늘을 찌를 듯 가장 높은 곳에 솟아 있는 전망대가
보인다. 어떻게 가야 하는지, 어디에 자리하고 있는지는 중요하지 않
다. 길은 찾는 이에게 펼쳐지는 법. 그렇게 계단을 오르고 또 올랐다.
눈과 물로 얼어붙은 한 층 한 층을 걸어오르는 길은 위태로웠다. 전망
대에 오르자 강한 바람이 휘몰아쳤다. 다행히 날씨는 쾌청. 오랜만에
스웨덴을 찾아온 영상의 기온과 따뜻한 태양 덕분에 계속해서 불어
오는 바람이 아프지 않다. 파란 바다의 스톡홀름, 켄트의 노래. 이 정
도면 충분하지 아니한가.

vis spe contantae illa sole satis est

dum spiro spero

dona nobis pacem

간절하게 소망하는 것, 그것 하나로도 충분해.

숨 쉬는 한 나는 희망합니다.

우리에게 평화를.

– 로로스Loro's 〈Pax〉

내 속의 피터 팬에게 아무 말하지 말아주세요. 당차고 자유로워 보이는 그는 사실 많이 여리거든요. 사람들은 자신도 모르게 피터 팬을 날려보냅니다. 그렇게 어른이 되어 갑니다. 피터 팬이 떠난 자리에 세상 것들이 조금씩 비집고 들어옵니다. 그런데 혹시 아세요? 이 우주에는 당신이 생각하는 것보다 많은 돌연변이가 살고 있어요. 피터 팬의 존재를 일찍 알아차리고 그를 보내고 싶지 않아 마음 한구석에 열쇠를 채워놓은 사람들이 있어요. 마음에 상처를 입어도, 어른이 되어도 그들의 피터 팬은 떠나지 못합니다.

혹시 곁에 작은 일에도 눈물을 터뜨리는 사람이 있나요? 세상 어른들의 먹잇감으로 전락해버린 사람이 있나요? 어쩌면 그는 마음속의 피터 팬을 떠나보내지 못한 돌연변이일지도 모릅니다. 그래요. 저 또한 돌연변이랍니다. 매일 아침 눈을 뜨자마자 이 험한 세상 속에서 마음속 피터 팬을 지켜내겠다고 다짐하는 돌연변이입니다. 혹시 저와 똑같은 분이 계시나요? 우리 한번 만나지 않을래요?

새하얀 백지에 나만의 상자를 그려, 한 칸에 하나씩 사람이건 물건이
건 장소건 음악이건 무엇이든 마음대로 구겨넣는다. 그러다 어느 하
나라도 상자에 맞지 않는다면 기분이 상해 던져버린다. 마음대로 기
대하고 상상했다가 누군가가, 어떤 대상이 내 기대에 차지 않는다며
증오를 숨기지 않는다. 미안해. 내 마음대로 기대하고, 내 마음대로
미워했던 모든 사람에게, 모든 나라에게, 모든 음악에게.

맞아. 북유럽의 대자연도, 이곳의 음악도 나라는 편협한 사람이 믿고 싶은 대로 느끼는 주관적인 이미지인지도 몰라. 스톡홀름의 어느 한식집이 생각나. 입구에는 벚꽃 장식이, 벽의 액자에는 게이샤 그림이, 식탁에는 태극 문양이, 메뉴에는 스시가 있었던 그곳. 그들 역시 동방의 작은 나라 한국에 대해 두루뭉술한 이미지를 갖고 있었던 거야. 오리엔탈이라 불리는 조야한 이미지. 그래, 이미지를 그려넣는 것은 개인의 자유야. 그것으로 인해 세상은 아름답고 풍요로워질 테지만, 때론 그 이미지가 폭력으로 변할 수 있다는 걸 잊어서는 안 될 거야.

롤러코스터. 내가 만약 추락한다면 나를 받아주기 위해 그대는 내 옆에 있어줄 건가요. 만약 내가 떨어진다면 나를 받아주기 위해 그대는 내 곁에 있어줄 건가요. 내가 떨어질 때 아래로, 아래로, 아래로, 아래로. 아무것도 상관없어요. 만약 그대가 여기 있다면 나를 꼭 안아준다면 그 모든 기억들은 시간 속에서 잊히겠죠.

빗속의 눈물처럼, 빗속의 눈물처럼
빗속의 눈물처럼, 빗속의 눈물처럼
네가 필요해, 네가 필요해, 지금 네가 필요해.

프랑스의 시인이자 소설가, 화가, 극작가, 영화감독이었던 장 콕토는
이렇게 말했다.

◎ 스타일은 복잡한 것들을 표현하는 가장 단순한 방법이다.

레깅스의 컬러. 빙판을 미끄러질 듯 걸어다니는 닥터 마틴. 확실한 보
색관계를 이루는 색 대비와 다양한 체크무늬. 핏기 없는 창백한 피부
색과 머리칼, 찬바람으로부터 보호해주는 기다란 속눈썹과 깊은 눈.
반듯하게 떨어지는 클래식한 룩에 더해진 장난기 넘치는 양말. 자신
이 하고 싶은 이야기를 머리부터 발끝에 걸쳐 풀어내는 '옷 입는 맛'
을 아는 사람들. 굳이 말하지 않아도 알 수 있는 옷으로 이야기하는 사
람들. 타인은 알 수 없는 자신만의 룩look. 북유럽을 겪은 어린 여행자
의 지극히 주관적인 생각.

사방이 하얗게 눈으로 얼어붙은 호수 위를 걸었다. 투명한 유리 위를
한 걸음, 한 걸음 뗄 때마다 나는, 살고 싶었다. 촉촉한 입술과 살갗을
시기하는 듯 쉬지 않고 수분을 앗아가는 바람은 어느덧 더이상의 호
흡조차 불가능하게 불어오고 또 불어온다. 투명한 유리 위를 한 걸음,
한 걸음 뗄 때마다 나는, 생명을 느꼈다. 고개를 들어 마을을 통째로
감싸고 있는 산맥을 올려다보았다. 그로테스크한 아름다움. 나는 왜
맑고 정적인 감동 앞에서 항상 눈물을 쏟아내는 걸까. 눈물은 때론 짙
은 감정. 투명한 유리 위를 한 걸음 한 걸음 뗄 때마다, 나는, 나에게서
멀어져갔다. 현실이란 결국 아무것도 아닌 거짓말.

너를 지배하는 현실에서 벗어나. 괜찮아, 그래도 살 수 있어. 영겁을
이어온 호수의 속삭임이 드디어 들려온다. 또렷이. 키루나로 돌아
가는 기차는 아직 네 시간이나 남았다. 사람이 사는 마을이라는 것
이 믿기지 않을 정도로 단단히 잠긴 몇 채의 집들만이 덩그마니 있는
곳. 아비스코 국립공원. 끝이 보이지 않을 만큼 드넓은 토네트라스크
Tornetrask 호수, 장엄하게 마을을 품은 설산, 한겨울 스웨덴 최북단의
라플란드는 무無의 공명을 울리고 있었다.

아비스코 무인기차역에서 나는 아주 조금씩 열이 새어나오는 라디에
이터에 기대어 한 시간째 시계만 바라보고 있다. 허리까지 쌓인 눈 속
을 헤매느라 축축하게 젖은 몸과 발을 녹여야 했다. 야속하게도 기차
역 내의 기온은 조금도 올라갈 생각을 않는다. 차디찬 육체를 버티는
것마저도 괴로워 억지로 잠을 청했다. 자는 듯 마는 듯. 얼마의 시간
이 흘렀을까. 기차가 어디쯤 오고 있는지 일러주는 전광판은 나의 기
차가 폭설로 인해 20여 분 늦게 도착한다고 말해주었다. 극도의 처절
한 상황이 안겨주는 묘한 쾌감. 키루나행 기차는 과연 도착하는 걸까.

사실 떠나는 건 어렵지 않아. 떠난다, 는 것보다 중요한 건 그곳을 향한 진심. 그곳을 얼마나 간절히 원하는지, 그곳이 아니면 왜 안 되는지, 아직 닿지도 않은 그곳을 이미 사랑하는 것. 이미 그들의 방식으로 살아가고, 그들을 닮아가고, 그들과 함께 있는 것. 누구보다도 그곳을 가장 사랑한다고 믿는다면, 그곳에 가고 싶은 마음에 눈물이 날 지경이라면, 준비가 된 거야. 반드시 떠나야 하는 거야. 그렇게 간절한 어딘가를 향한 너의 메아리는 다시 돌아온 뒤 세상이 감당해내지 못할 정도로 빛나고 있을 거야. 분명.

3. 스웨덴

- 스칸디나비아 반도의 동쪽에 위치한 스웨덴은 자연의 나라이자 유럽에서 과학기술과 산업이 가장 발전한 나라 중 하나다. 문화예술도 발달하여 훌륭한 미술관과 박물관도 쉽게 찾을 수 있다. 교육, 의료, 사회보장제도 등 복지는 전 세계 사람들이 부러워할 정도로 잘 갖춰져 있다.

- 스웨덴은 사계절이 비교적 뚜렷한 국가다. 스웨덴 남부와 중부 지방은 여름 기온이 25~30도까지 오르고 일조량도 풍부하다. 반면 북극권에 위치한 북부 지방은 일조량이 적고, 6개월에 이르는 길고 혹독한 겨울을 견뎌야 한다.

- 에스킬투나는 스톡홀름의 남서쪽에 위치한 인구 6만 명의 작은 소도시다. 가위, 열쇠, 정밀기계 등 양질의 금속제품을 제작하던 곳으로 유명했다. 이러한 전통은 현재에도 이어지고 있어 볼보의 건설기계 공장과 열쇠와 자물쇠 등을 만드는 ASSA와 같은 기업들이 위치해 있다.

- 말뫼는 스톡홀름, 예테보리와 함께 스웨덴 3대 도시로 꼽힌다. 20세기에는 대형 조선소와 함께 급속도로 성장했으나 조선소가 폐쇄되면서 깊은 침체에 빠져 있었다. 그러다 2000년에 접어들어 덴마크 코펜하겐과 연결되는 외레순 교와 해저터널이 건설되면서 다시 활기를 되찾았다.

🔺 말뫼는 덴마크 코펜하겐과 매우 가깝다. 코펜하겐으로 갈 수 있는 버스와 열차를 쉽게 찾을 수 있어서 덴마크에서 스웨덴으로 이동하려는 여행자라면 코펜하겐을 통해 스웨덴으로 가는 것도 좋다. 말뫼 시내의 대중교통 노선은 거리별로 계산하는 한국과 달리 시간당 요금제를 적용한다. 1시간 승차권 가격은 16크로네. 말뫼 관광안내소 www.malmo.se

🔺 스웨덴의 수도 스톡홀름은 14개의 섬으로 이루어져 있다. 걸어서 충분히 둘러볼 수 있을 정도로 크지 않다. 지하철과 버스 등 대중교통이 발달해 있어서 여행하는 데 불편이 없다. 왕궁이 위치한 구시가 감라스탄을 중심으로 도시가 사방으로 펼쳐진다. 세계 최초의 도심국립공원 에코파르센이 있는 곳이기도 하다. 울창한 숲과 들판을 만날 수 있는 에코파르센 공원은 도심에서 북부 교외 지역까지 이어져 있다. www.ekoparken.com

🔺 노동자들의 거주지였던 쇠데르말름은 스톡홀름에서 가장 트렌디한 지역이다. 멋진 카페와 바, 박물관, 갤러리들이 함께 어우러져 있는 곳이다. 쇠데르말름 지역의 중심이라고 할 수 있는 소포SoFo, 스톡홀름 시립박물관과 사진박물관 등이 위치해 있다.

- 스톡홀름의 대중교통은 'SL관광카드' '스톡홀름 카드'라고 불리는 대중교통카드를 이용한다. 24시간(100크로네), 72시간(200크로네)로 나뉜 SL관광카드는 지하철과 버스를 정해진 시간 동안 자유롭게 이용할 수 있다. 스톡홀름 카드는 대중교통뿐만 아니라 관광지, 도심주차장, 유람선 등을 자유자재로 이용할 수 있다. 네 가지 종류로 나누어져 있는데, 24~120시간까지 395~895크로네의 가격으로 선택의 폭이 넓다.

- 1881년에 건설된 엘리베이터 카타리나히센은 쇠데르말름 지역의 대표적인 명소 중 한 곳이다. 지금의 건물은 1930년대에 새로 만들어진 것으로, 스톡홀름을 내려다볼 수 있는 전망대로 명성이 높다. 엘리베이터 꼭대기에는 스톡홀름에서 가장 좋은 레스토랑으로 꼽히는 곤돌렌이 있다.

⌒ 스톡홀름 시내 중앙에 위치한 작은 섬 감라스탄은 이 나라에서 가장 오래된 곳이다. 13세기 스톡홀름이 시작된 곳이자 왕궁이 있는 곳이다. 총 608개의 방이 있는 스웨덴 왕궁은 오늘날 사용되고 있는 왕궁 가운데 가장 큰 곳이다. 6~8월에 방문하면 매일 12시 15분(주말은 오전 11시 15분)에 왕궁 바깥쪽 마당에서 펼쳐지는 근위병 교대식을 볼 수 있다.

⌒ 1862년에 만들어진 베른스 살롱에르는 호텔과 바, 클럽이 함께 있는 공간이다. 베른스 바의 연회장은 콘서트 장소로도 활용되며, 지하에 있는 베른스 갤러리 2.35:1은 유명 DJ들의 공연을 만날 수 있다. www.berns.se보다 좀더 다양한 형태의 공연을 접하고 싶다면 쇠드라 티테른을 찾아가보자. 스웨덴 팝 음악에서 뮤지컬, 심지어 슬라보예 지젝의 강연도 접할 수 있다. www.sodrateatern.com

4.
Norway,

비 내리는
대지의
속삭임

Kings of
Convenience

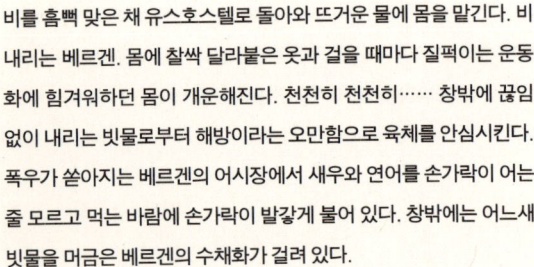

비를 흠뻑 맞은 채 유스호스텔로 돌아와 뜨거운 물에 몸을 맡긴다. 비 내리는 베르겐. 몸에 찰싹 달라붙은 옷과 걸을 때마다 질퍽이는 운동 화에 힘겨워하던 몸이 개운해진다. 천천히 천천히…… 창밖에 끊임 없이 내리는 빗물로부터 해방이라는 오만함으로 육체를 안심시킨다. 폭우가 쏟아지는 베르겐의 어시장에서 새우와 연어를 손가락이 어는 줄 모르고 먹는 바람에 손가락이 발갛게 불어 있다. 창밖에는 어느새 빗물을 머금은 베르겐의 수채화가 걸려 있다.

비의 도시 베르겐. 킹스 오브 컨비니언스에게서 비에 젖은 흙냄새가
나는 이유를 어렴풋이 알 것 같다. 빗소리를 들으며 잠을 청하고 싶어
창문을 조금 열고 이불 속으로 들어갔다. 뜨거운 물에 하얗게 불은 발
바닥을 까실한 침대시트에 비비적거렸다. 타닥타닥 쉬지 않고 대지
를 두드리는 빗물에 귀를 집중시키며 나는 잠이 든다.

Kings of Convenience

2009년 10월, 킹스 오브 컨비니언스는 5년의 긴 기다림
끝에 [Declaration of Dependence]로 돌아왔다. 브러쉬
드럼 하나 들어 있지 않은, 오직 그들의 목소리와 어쿠스
틱 기타로만 채워진 어쿠스틱 앨범이었다. '언플러그드'
에 훨씬 가까워진 사운드 속에 함께 음악을 하며 '서로가
서로에게 의지하는 것'에 대한 이야기를 풀어놓은 그들의
음악에 얼마나 많은 이들이 위로를 받았는지 모른다. 이
야기는 이렇다. 늘 안정적인 아이릭과 티 없이 순수한 아
이 같은 오여, 서로 정반대인 두 사람은 밴드를 함께 유지
하는 데 무척이나 힘이 들었다.

하지만 'Declaration of Dependence'라는 앨범 제목이 말
해주듯, 두 사람은 서로 다른 성향을 지닌 자신들이 혼자
가 아니라 서로가 서로에게 의존하기 때문에 더 좋은 음악
이 나올 수 있다는 것을 깨달았다. 그래서일까. 5년 만에
돌아온 그들의 음악에서는 상쾌한 바람이 불어왔다. 기분
좋은 읊조림과 어쿠스틱의 소박한 사운드가 안겨주는 편
안한 나른함. 사람들은 그들의 음악에게서 깊은 숨을 들
이쉴 때만 맛볼 수 있는 섬세한 공기를 느낄 수 있었다. 그
들에게서 불어오는 바람은 하루종일 비가 내리고 있었다.
킹스 오브 컨비니언스, 그들의 고향. 노르웨이의 베르겐.
작고 조그만 걸음을 새기며 나는 이곳을 걷고 또 걸었다.
흙내음이 묻어나는 비바람을 맞으며 그들의 음악과 열흘
을 함께했다.

^
^

콜페이스가 녹아버렸다. 러쉬의 콜페이스라는 세안비누. 그 아이가 아니면 나는 세수를 할 수 없다. 노르웨이의 로포텐 제도. 북유럽에서도 북쪽인 이곳에서 나는 '비현실'이라는 공간이 현실에 존재한다는 것을 믿게 되었다. 지구의 모든 눈雪을 모아놓은 듯한 엄청난 양의 눈을 감당하고 돌아온 날, 라디에이터 근처에 젖은 옷과 소지품을 말리다가 일어난 사건이다. 다음날 아침, 침대에서 손을 뻗어 그 아이를 찾다가 액체가 되어버린 콜페이스를 발견했다. 여행에 오른 지 두 달이 되어가는 날, 나는 비누를 바라보며 처음으로 눈물을 터트렸다.

그건 사랑이었다. 네가 있어서 좋아가 아닌 네가 아니면 안 돼, 라는
집착이었다. 누군가에겐 사치로 보일 수도 있는 이 습관은 나 자신을
사랑하는 법을 알지 못해 세상에 휘둘리며 힘겨워하던 내가 찾아낸
'생존법'이었다. 나만이 꿈꿀 수 있는, 나만이 갈구하는 것에 대한 존
중. 그 생각 이후, 나는 나를 나답게 만드는 모든 '취향'을 존중하기 시
작했다. 음악, 여행, 말투, 행동, 습관, 스타일, 세상을 바라보는 기준,
사람과 사람 사이의 관계, 심지어 세수하는 비누에까지 나는 내 취향
을 고수했다. 단지 있어서 좋은 게 아니라 없으면 죽을 것 같은 것들을
삶 속에 채워나갔다. 세상의 언어로 '색깔'이라 불리는 그런 것들. 네
가 아니면 안 돼, 라고 울부짖을 수 있는 것들……

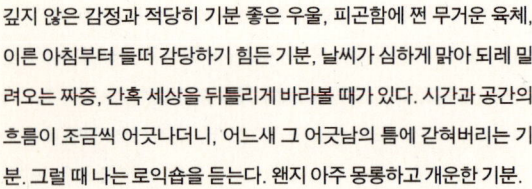

깊지 않은 감정과 적당히 기분 좋은 우울, 피곤함에 쩐 무거운 육체,
이른 아침부터 들떠 감당하기 힘든 기분, 날씨가 심하게 맑아 되레 밀
려오는 짜증, 간혹 세상을 뒤틀리게 바라볼 때가 있다. 시간과 공간의
흐름이 조금씩 어긋나더니, 어느새 그 어긋남의 틈에 갇혀버리는 기
분. 그럴 때 나는 로익숍을 듣는다. 왠지 아주 몽롱하고 개운한 기분.

∧
∧

눈이 내리는 것, 피자가게 주인과 이야기를 주고받은 것, 이유 없이 눈에 띈 어떤 책을 집은 것, 나뭇가지 사이로 햇살이 내리쬐는 것, 아주 오랜만에 만난 친구와 안부를 나눈 것, 오늘따라 유난히 마른 바게트가 당기는 것, 문득 시베리아 횡단열차를 타고 싶은 것, 필름카메라가 고장난 것, 그래서 충무로를 가게 된 것, 문득 달력을 넘기다가 그 도시의 사진을 보게 된 것, 그 음식점에서 그 노래가 흘러나온 것…….

나는 너만 만나면 유독 수다쟁이가 된다. 점점 더 개인적이고 독립적인 모습으로 살아가는 사람들, 자기만의 생각 속에서 맴도는 사람들, 나를 보고도 나를 알려고 들지 않는 사람들 사이에서, 오롯이 너만이 내게 귀를 기울인다. 네가 귀 기울여주는 그 순간, 내 맘 속의 모든 것을 털어낸다. 무엇 때문인지 알 수 없지만, 네가 그렇게 만든다. 나는 나를 말하고 싶어 안달난 사람처럼, 마구마구 말한다.

^
^

어느 날 문득 누군가를 알게 되었지. 갑자기 알게된 그 사람과 웃으며 인사를 나눠. 이야기를 해. 그 사람과의 대화가 편해져. 나는 가만히 서서 그 사람을 기다려. 우리 사이에 다시 어떤 말들이 생겨날까 궁금 해 해. 사람과 사람의 관계는 만남의 횟수에 정비례하는 게 아냐. 여행지에서 문득 알게 된 누군가. 갑자기 나를 찾아와버린 인연 때문에 가끔은 이름밖에 모르는 어떤 사람이 세상 누구보다 편할 수도 있다는 걸 알아버렸어.

^
^

걱정하지 마. 그가 말했다. 내가 꺼내줄게. 네가 허우적대는 고통의 늪에서. 나는 아무 말도 하지 않았다. 아니 할 수 없었다. 그의 말은 진심이었다. 그의 눈은 진실했으니까. 하지만 그가 무슨 수로 나를 꺼내줄 수 있을까. 나가려고 발버둥쳐도 자꾸만 미끄러지는 내 심정을 어찌 헤아릴 수 있을까. 사람이 사람을 구한다는 것. 사랑이 구원한다고 믿는 것. 때론 그것만큼 어리석은 일은 없다.

도무지 결정하기 힘든 순간이 있다. 저마다의 일생에 한 번쯤 찾아오
는 그 순간을 우리는 '위기'라고 말한다. 그 순간은 누구에게나 찾아
온다. 기필코 찾아온다. 누구도 피해가지 못한다. 위기가 무서운 건
삶이 곤궁해지기 때문이 아니다. 궁핍해지기 때문이 아니다. 그건 바
로 위기의 순간에 내 참모습이 드러나기 때문이다. 누군가 그 모습을
보기 때문이다.

사람들 앞에서 초라해지고 싶지 않다고 각오를 다질 필요는 없다. 그
저 내 모습 그대로 살아가면 된다. 누군가와 비교할 필요도 없다. 이
기려고 하지 말자. 지는 게 이기는 거라는 궤변도 늘어놓지 말자. 이
기는 건 이기는 거고, 지는 건 지는 것이다. 다만 이길 때도 있고, 질
때도 있을 뿐이다. 세상에서 우리를 가장 힘들게 하는 말. '쿨하다'는 말.

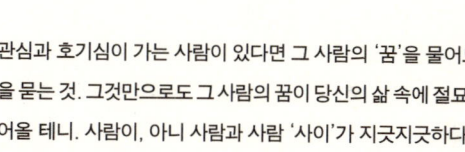

관심과 호기심이 가는 사람이 있다면 그 사람의 '꿈'을 물어보자. 꿈을 묻는 것. 그것만으로도 그 사람의 꿈이 당신의 삶 속에 절묘하게 들어올 테니. 사람이, 아니 사람과 사람 '사이'가 지긋지긋하다가도 아름답다고 느끼게 되는 건 우리에게 꿈이 있기 때문이다. 우리가 꿈을 꿀 때, 삶은 아름답고 경건해진다. 꿈을 꾸는 것. 내게 주어진 이 땅에서의 삶을 온몸으로 느끼는 것.

손으로 만드는 기억을 사랑한다. 학창 시절, 수업이 지루하면 낙서를 하거나 그림을 그릴 때의 기억을 사랑한다. 무의미해 보이는, 비생산적으로 보이는 손이 만드는 기억이 갖는 그 진정성이 좋다. 그 삶의 표정이 너무 좋다. 세상에 무의미한 일이란 없다.

병원에 가보면 안다. 인생은 단순하다는 사실을. 그곳에서 인생은 삶
과 죽음, 단 두 가지뿐이다. 병원에 가보면 안다. 인생은 기적의 연속
이라는 사실을. 그토록 많은 사람들이 삶을 위해 투쟁을 하고 있을
때, 아무런 노력을 하지 않아도 보고, 듣고, 말하고, 걸을 수 있는 내
몸은 기적 덩어리이다. 인생은 기적이다. 아주 흔하고 익숙한 기적이다.

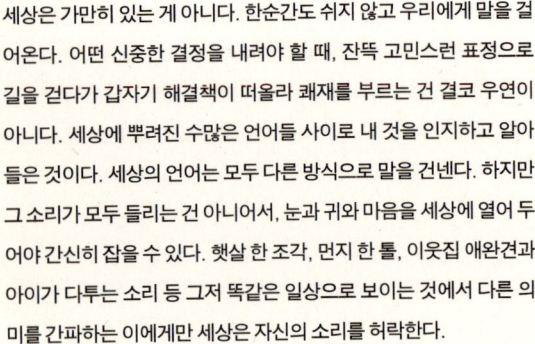

세상은 가만히 있는 게 아니다. 한순간도 쉬지 않고 우리에게 말을 걸어온다. 어떤 신중한 결정을 내려야 할 때, 잔뜩 고민스런 표정으로 길을 걷다가 갑자기 해결책이 떠올라 쾌재를 부르는 건 결코 우연이 아니다. 세상에 뿌려진 수많은 언어들 사이로 내 것을 인지하고 알아들은 것이다. 세상의 언어는 모두 다른 방식으로 말을 건넨다. 하지만 그 소리가 모두 들리는 건 아니어서, 눈과 귀와 마음을 세상에 열어 두어야 간신히 잡을 수 있다. 햇살 한 조각, 먼지 한 톨, 이웃집 애완견과 아이가 다투는 소리 등 그저 똑같은 일상으로 보이는 것에서 다른 의미를 간파하는 이에게만 세상은 자신의 소리를 허락한다.

세상의 소리를 내 것으로 만드는 지름길이 한 가지 있는데, 그건 내가 선택한 한 가지를 향해 강렬한 열망을 품는 것이다. 다른 것은 결코 보이지 않고 들리지 않는, 그러나 내가 몰두한 그 하나에 모든 것을 거는 순간 세상의 언어를 쉽게 찾을 수 있다. 지금 이 순간도 나에게, 그리고 당신에게 세상은 뭔가를 보내는지도 모른다. 언어, 단어, 그림, 살아 있는 것, 존재하는 것, 스쳐지나는 것, 갑자기 마주친 것……. 우연처럼 보이지만 유기적인 일관성으로 존재하는 어떤 것들. 갈망하는 자에게만 보이고 들리는 것들. 나에게 집중하고 세상에 감사하는 이에게 좀더 쉽게 찾아오는 것들. 그 반짝반짝 빛나는 숨은 언어 찾기. 오늘도 우리는 몇 개의 언어들을 그저 스쳐지났는지 모른다.

그 여름밤의 나는 기분이 좋지 않았다. 그 밤의 나는 지나치게 혼란스러웠다. 온몸에 소름이 돋을 만큼 기분이 좋지 않았다. 너는 남이었고, 내 마음은 분노로 미움으로 질투로 가득 차버렸다. 아니 사실은 내가 또 겁을 냈던 걸지도 모른다. 너를 밀어냈던 건지도 모른다. 그러나 그 밤, 누군가가 나를 조금 더 신뢰해주었더라면, 나는 괜찮았을까. 그 여름밤의 우리는 어땠을까.

무대 위에 서는 사람들을 동경한다. 그가 프로가 아니라 할지라도. 노래가 빼어나지 않더라도. 연주가 어색하더라도. 그들을 동경할 수밖에 없다. 무대에 서는 일이란, 무대 아래의 누군가와 함께 호흡하는 일이란, 혹은 박자에 맞춰 새로운 음악을 만들어가는 일이란, 멋진 일. 울고 있던 우리의 마음을 움직이는 일.

^
^

게으른 일요일 아침. 발끝까지 느껴지는 개운함, 굵게 짜인 포근한 스
웨터의 따스함, 부드럽고 편안한 침대에서의 낮잠, 방안을 가득 메운
잉글리쉬블랙퍼스트 티의 단조로움, 부드러운 샤워 후 몸에 밴 샴푸
의 향과 촉촉한 머리칼, 마일드한 바람이 불어오는 깨끗한 거리에서
의 산책. 여행자에게도 분명 휴일은 존재한다.

앞이 보이지 않는다. 새하얀 눈발이 높은 고도의 세찬 바람을 타고 지상을 향해 곤두박질친다. 내린다기보다 부딪치는 것 같은 느낌. 눈은 낮은 기온을 견디지 못하고 딱딱하게 얼어붙어 다리 위에 홀로 서서 무섭게 휘몰아치는 소용돌이Saltstraumen를 응시하는 나의 작은 육체를 무자비하게 때린다.

고양이처럼 자고 싶을 때가 있다. 침대 위에 웅크려 갸르릉 소리를 내며 자고 싶을 때가 있다. 옆으로 몸을 누이고, 두 팔과 두 다리를 방치한 채 자고 싶을 때가 있다. 세상이 요동쳐도, 세상이 허물어져도 관심조차 없는 듯 무심한 고양이처럼 자고 싶을 때가 있다.

지나간 일을 되돌리려고 하지 말자. 다시는 오지 않을 그 순간을 찾아 헤매지 말자. 과거를 찾는다는 건 현재를 포기한다는 것. 기억의 여행을 떠난다는 건 현실을 놓친다는 것. 우리가 과거에 매달리는 이유는 여기에 있다. 과거에 매달리다가 현재를 잃어버리기 때문이다. 언젠가 그 현재가 과거로 변하는 순간 우리는 잃어버린 현재를 찾기 위해 안간힘을 쓰게 된다. 과거에 집착하는 건 현재를 배신한 죄의 삯이다.

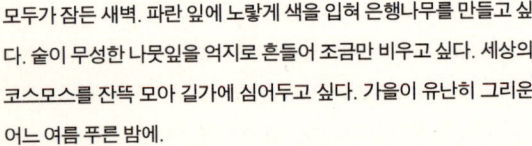

모두가 잠든 새벽. 파란 잎에 노랗게 색을 입혀 은행나무를 만들고 싶
다. 숱이 무성한 나뭇잎을 억지로 흔들어 조금만 비우고 싶다. 세상의
코스모스를 잔뜩 모아 길가에 심어두고 싶다. 가을이 유난히 그리운
어느 여름 푸른 밤에.

누가 그랬던가. 현실은 되돌아오지 않는다고. 그것은 이미 여기 있기 때문이라고. 그렇다면 사랑도 되돌아오지 않는 걸까. 그것이 이미 내 게 있기 때문에? 사람은 떠나도, 사랑은 남는 것. 과연?

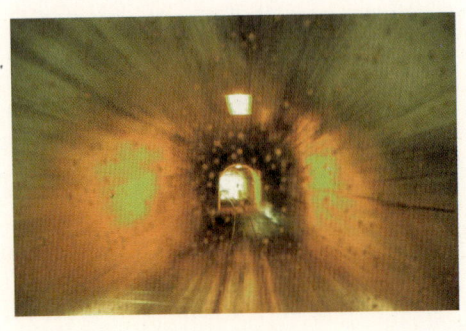

이른 아침의 보되Bodø. 밤 9시 30분에 출발하는 트론헤임행 야간열차를 타기 위해 로포텐의 스볼배르svolvær에서 아침 6시 배를 타고 도착한 이곳은 여행자를 맞을 준비가 전혀 되어 있지 않았다. 야간열차를 타기까지 내게 주어진 10시간을 어쨌든 잘 사용해야 한다. 여행지에서는 이 장소에서 저 장소로 넘어가는 '막간'의 시간이 의외로 소중한 법. 이 시간을 기다리는 것으로 여긴다면 당신은 백전백패. 몸을 추슬러 여행안내소로 향했다. 무릎까지 쌓인 눈이 일상다반사인 겨울의 북유럽 여행에 치명적인 가방을 들고 갈 순 없어 기차역의 보관함에 맡겨야 했다. 우리 기차역의 네 배나 되는 돈을 밀어넣는 순간 내 손은 왜 벌벌 떨렸을까.

보되 여행안내소에서는 살츠스트라우멘Saltstraumen에 가볼 것을 추천
했다. 당초 계획에 없던 여행지라 너무도 생소했기에 "그게 뭐죠?"
라고 물어야 했다. 직원은 설명하기가 어려웠는지 작은 안내서를 건
네주었다. 살츠스트라우멘은 세계에서 가장 큰 맬스트롬maelstrom이
다. 노르웨이 근해의 커다란 화방수를 뜻하는 이것은 '바다의 커다란
소용돌이'를 의미한다. 달의 인력으로 인한 바다의 대혼란. 6시간을
두고 주기적으로 강하게 몰아치는 소용돌이라고 보면 된다.

안내서에 들어 있는 한 장의 시간표에는 1년 동안 소용돌이가 가장 강할 때의 시간들이 적혀 있었다. 손가락으로 시간표를 훑어보니 때마침 내가 찾은 그날 오후 4시 5분이 적혀 있다. 냉큼 버스 시간표를 훑어보았다. 보뇌에서 살츠스트라우멘 다리로 향하는 버스가 오후 3시 15분에 출발 예정이었다. 나에게 주어진 막막한 열시간을 그냥 멀뚱히 기다리느니 세상에서 가장 큰 소용돌이를 보고 오는 게 낫겠다는 판단을 내리기까지 일초도 걸리지 않은 것 같다. 다만 지금 밖은 나의 북유럽 여행 가운데 최악의 기상 조건이라는 것, 그래서 여행이라기보다 작은 모험으로 불러야 한다는 것이 조금 마음에 걸렸지만.

혹한의 스칸디나비아를 여행하는 동안 내게 익숙해진 게 하나 있었
으니, 그것은 바로 여행지에서의 고독이었다. 그런데 이 감정은 외롭
고 쓸쓸함에서 생겨나는 우울과는 좀 달랐다. 말 그대로, 고독. 유명
한 관광지에 왔는데 아무도 없는 그 자체의 고독. 하물며 견딜 수 없
는 최악의 눈보라를 뚫고 오른 버스에서 나는 그야말로 혼자였다. 살
츠스트라우멘에 다다른 시각은 3시 50분. 멀리서 바라보아도 커다
랗게 휘어감으며 흐르는 물살이 다른 세상에 온 것만 같다. 조금 더
가까이 가까이를 마음속으로 외치며 강의 경계선까지 다가갔다. 난
생 처음 보는 물의 기이한 광경. 커다랗게 빙빙 도는 소용돌이의 원을
중심으로 수십 개의 크고 작은 소용돌이들이 저마다의 깊이를 뽐내
며 춤을 추고 있다.

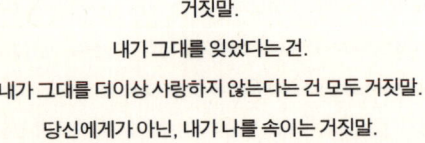

거짓말.

내가 그대를 잊었다는 건.

내가 그대를 더이상 사랑하지 않는다는 건 모두 거짓말.

당신에게가 아닌, 내가 나를 속이는 거짓말.

이유를 알려고 하지 말자.
이유를 대려 하지 말자.
이유는 결국 변명이니까.

손목시계가 정확히 오후 4시 5분을 가리켰다. 여행 안내서는 정확했다. 수면은 대혼란을 일으키기 시작했다. 물결은 멀리서부터 커다랗고 둥그런 원을 그리며 다가왔다. 나는 이 전무후무한 광경을 다리의 가장 높은 곳에서 보고 싶어 다리를 건너기로 했다. 간간이 버스만 한두 대 지날 뿐 어떤 인기척도 느껴지지 않는다. 다리를 오르다 눈보라와 함께 어디론가 사라지거나, 다리에서 소용돌이를 굽어보다 아찔하여 떨어진다 해도 지구는 아름답게 돌고 있을 것이다. 두려움을 떨쳐내기 위해 노르웨이의 일렉트로닉 듀오 로익솝의 노래를 들었다. 로익솝의 음울하면서도 경쾌한 비트에 정신을 차리고 똑바로 걷기 시작했다.

다리는 높이에 따라 다른 날씨로 나를 건드렸다. 처음에는 잠잠한가 싶더니, 가장 높은 곳으로 오르는 순간 앞을 바라보는 것조차 힘들 정도의 눈보라를 준비해놓았다. 섬뜩했다. 회백색의 눈보라가 몰아치고 무시무시한 소용돌이가 세상을 삼킬 듯 요동치는 곳에 나 홀로 서 있었다. 하지만 돌아갈 수 없었다. 뒤를 돌아보는 게 앞으로 나아가는 것보다 몇 배는 더 무서웠다. 옆을 바라볼 용기조차 나지 않았다. 눈물이 터져나왔다. 다급히 발걸음을 옮겼다. 벗어나고 싶었고, 돌아가고 싶었다. 다행히 정점에서 벗어나자 눈보라가 점점 사위어지고, 지상에 도착하자 바람마저도 어디론가 사라졌다. 태풍의 눈에 서 있는 듯한 기분에 나는 한동안 눈 속에 다리를 처박고 서 있어야 했다. 다리의 가장 높은 곳에는 튀어오르는 물과 눈보라가 태양의 기운을 받아 만들어낸 일곱 빛깔 무지개가 걸려 있었다. 보되로 돌아가는 버스가 올 때까진 아직 세 시간이 남았다.

여행 정보

4. 노르웨이

⌃ 스웨덴과 스칸디나비아반도를 양분하고 있는 노르웨이는 스웨덴뿐만
아니라 핀란드, 러시아와도 국경을 맞대고 있다. 19세기까지 스웨덴
에 지배를 받았지만, 독립운동을 통해 독자적인 헌법을 유지해왔다.
스웨덴으로부터 완전 독립한 것은 1905년이었다. 경제적으로 넉넉한
국가는 아니었지만, 1960년 북해에서 석유와 천연가스를 발견하면서
급격한 경제 발전을 이루었다.

⌃ 노르웨이 국토의 70퍼센트는 빙하의 흐름으로 만들어진 평원이다. 그
러나 전체 국토에서 농사를 지을 수 있는 땅은 3퍼센트에 불과하다.
빙하로 인한 침식 협곡인 피오르와 높은 산 등으로 인해 육상 교통에
제한이 많다. 따라서 바다를 통한 수상 교통의 비중이 높고, 항구를 중
심으로 도시가 형성되어 있다.

⌃ 추운 나라의 이미지를 가진 노르웨이지만 겨울 평균 기온 영하 4도,
여름 평균 기온 16.4도로 비교적 따뜻한 편이다. 여름철 최고 기온은
28도, 겨울철 최저 기온이 영하 19도 정도로 한국보다 여름은 시원하
고, 겨울은 조금 춥다. 다만 겨울에는 해가 빨리 져서 온도가 급격히
떨어질 때도 있고 눈이 많이 내리는 편이다.

∧ 북위 66도에서 시작되는 북극권은 여름에는 24시간 동안 해가 떠 있는 백야, 겨울에는 긴긴 밤이 지속되는 극야에 놓인다. 5월 말에서 8월 중순 동안은 백야가 지속되고, 겨울에는 오후 3시부터 어두워진다. 최근에는 이민자들을 중심으로 범죄가 증가하고 있어서 동절기에는 늦은 시간에 다니는 일을 피하는 것이 좋다.

∧ 노르웨이어는 단일 언어가 아니다. 북크몰과 뉘노스크라고 불리는 서로 다른 언어 체계를 갖고 있다. 수도 오슬로와 동부와 남부에서는 북크몰을 주로 사용하는데, 이는 노르웨이 전체 인구의 85퍼센트가 사용하는 언어다. 뉘노스크는 베르겐을 중심으로 서부, 북부 지역에서 사용된다. 영어가 공용어로, 초등학교 1학년 때부터 영어를 사용하기 때문에 여행자들이 영어로 의사소통하는 데 전혀 불편함이 없다.

∧ 베르겐은 오슬로에서 서북쪽으로 400킬로미터 떨어진 도시다. 오슬로 다음으로 노르웨이에서 가장 큰 도시로 꼽힌다. 해류의 영향으로 겨울철에도 평균 기온이 영상을 웃도는 따뜻한 날씨가 이어진다. 연강수량 2,000밀리미터로 유럽에서 비가 가장 많이 내리는 도시 중 하나다.

^ 19세기까지 베르겐은 북유럽 무역의 중심지로 노르웨이에서 가장 큰
도시였다. 19세기에 벌어진 대화재로 더이상 목조 건축물을 지을 수
없지만, 베르겐 역사지구에는 여전히 18세기 초에 건설된 오래된 목
조 건축물들을 볼 수 있다. 1702년에 건설되어 베르겐에서 가장 오래
된 건물인 한자동맹박물관을 중심으로 근대의 풍경을 고스란히 간직
한 베르겐 역사지구는 유네스코 세계문화유산이다.

^ 6월에 노르웨이를 방문한다면 베르겐에서 열리는 페스티벌인 '베르
겐 페스트'를 가보자. 뮤를 비롯한 다양한 아티스트들의 공연을 직접
볼 수 있다.www.bergenfest.no 5월에서 6월 사이에 열리는 야간 재즈
페스티벌 '나트재즈Nattjazz'는 재즈를 좋아하는 여행자라면 놓쳐서는
안 될 페스티벌이다.

^ 노르웨이 제3의 도시 나르비크는 거대한 산맥과 피오르, 바다의 섬들
에 둘러싸인 항구도시다. 여름에는 낚시와 생태계 투어를 할 수 있고,
11월에서 1월 중순에는 청어를 먹기 위해 모여드는 범고래 떼를 관찰
할 수 있는 크루즈 여행 프로그램이 유명하다. www.fnc.no

^ 나르비크에서는 인근에 위치한 로포텐 제도로 갈 수 있는 직행버스
노선이 있다. 로포텍스프레센Lofotekspressen이라고 불리는 버스는 하
루에 2번 로포텐 제도의 스볼베르 마을로 향한다. 4시간 15분이 걸리
는 장거리 노선으로, 가격은 225크론, 425크론으로 나누어진다.

∧ 로포텐 제도에서는 작은 마을들과 양 목장들을 찾아보자. 대구를 말려놓는 모습도 이색적이다. 로포텐 제도에서는 스볼베르 마을을 중심으로 여행하는 것이 좋다. 로포텐 제도에서는 등산과 배를 타고 피오르를 항해하는 크루즈 투어를 즐길 수 있다.

∧ 나르비크 남쪽에 위치한 보되는 로포텐 제도와 나르비크 같은 인근 도시로 갈 수 있는 중간 기착지로 많이 활용된다. 제2차 세계대전 당시에 도시가 파괴되어 보되에서는 특별한 관광지를 찾아보기 어렵다. 만약 캠핑을 좋아한다면 보되 시내에서 3킬로미터 떨어진 해안가에 위치한 보되셰엔 캠핑장www.bodocamp.no을 방문하는 것도 좋다. 시간이 남는다면 세계에서 가장 큰 소용돌이로 알려진 살트스트라우멘 소용돌이를 찾아가보자. 만조와 함께 거대한 소용돌이가 3킬로미터에 달하는 해협을 가르며 나아가는 모습을 볼 수 있다.

∧ 뮈르달은 오슬로에서 베르겐으로 향하는 철도상에 위치한 지역이다. 아주 작은 마을에 둘러싸여 있는 뮈르달 역이 있고, 이 역에서 가파른 산악열차 노선인 플롬 노선으로 갈아탈 수 있다. 플롬 노선은 산을 따라 만들어진 20킬로미터의 노선으로, 노르웨이의 자연 풍경이 창밖으로 펼쳐진다.

5.

Lappland,

오로라
내리는
새벽 숲

Post-Rock

눈

숲

호수.

그것만이 라플란드.

라플란드에서의 일주일. 그 시간 동안 나는 단 한 번도 자연에 대해 이
야기하지 않았다. 자연에 대해 너무나 쉽게 이야기했던 자신을 반성
했다. 자연, 아니 세상의 가장 완전한 모습을 간직한 라플란드에서는
누구나 그래야 할 것 같았다. 너무 황홀해 할 말을 잃었다기보다 더이
상 할 수 있는 것이 없을 것 같은 무력함.

하늘을 뒤덮는 커다란 키의 침엽수림, 한낮의 눈부신 햇살, 눈 덮인 호수에 반사되는 투명한 빛, 숲이 안겨주는 그로테스크한 아름다움, 끊임없이 나를 쫓아오는 투명한 빛, 그리고 갑작스럽게 멈춘 나무 아래. 그곳에서 나는 빽빽한 나무들 사이로 땅거미가 지는 것을 지켜보았다. 한낮에 누렸던 기이할 정도로 맑은 아름다움은 어디론가 사라지고 숲은 칠흑 같은 우주로 바뀌어 있었다. 그리고 이내 하늘을 가득 메운 별들과 푸른 오로라. 라플란드는 세상의 모든 아름다움은 극단적으로 이중적임을 몸으로 보여주었다. 그 속에서 나라는 인간은 할 수 있는 게 없었다. 남은 건 오직 두려움뿐.

Hammock

'해먹Hammock'은 광활하고 아름다운 사운드 스케이프를 뿜어내며 청자들을 빛의 세계로 이끌어가는 미국 남부 출신의 앰비언트, 슈게이징 계열의 포스트록 밴드다. 마르크 비어드Marc Byrd와 앤드류 톰슨Andrew Thompson으로 이루어진 이들은 집 뒤뜰에 있는 해먹(나무 사이에 걸린 그물침대)에 누워 별을 바라보며 음악을 들었던 경험을 밴드 이름에 붙였다. 자연과 계절, 영원하지 않은 인간의 삶 등 우리의 삶의 조건에서 느껴지는 감사함과 슬픔의 감성이 원초적이고 생명력 넘치는 이들의 사운드에 그대로 깃들어 있다. 그들의 음악을 듣다보면 내 몸이 두둥실 하늘로 떠올라 푸른 하늘을 가로지르며 세상의 끝을 향한 기나긴 비행을 시작하는 것만 같다.

칠흑같이 어두운 숲속을 가로질러 깊은 북쪽으로 향하고 있어. 로바니에미행 야간열차. 끊임없이 눈 덮인 침엽수림을 지나 기차는 열두 시간을 달리고 있어. 그리고 '모노Mono'라니. 살이 터질 듯 매서운 눈보라가 강하게 몰아치고 있겠지. 더 많은 외로움을 나에게. 더 깊은 두려움을 나에게. 늑대들의 눈이 반짝이는 차가운 숲속의 오로라. 온몸이 바들바들, 광대하게 펼쳐진 저 평원에 홀로 남은 작은 육체. 더 넓은 야생을 나에게. 더 깊은 공포를 나에게.

Mono

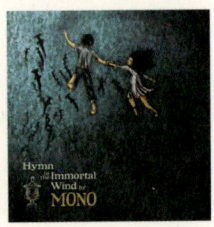

수준 높은 포스트록 밴드로 평가 받는 모노Mono는 기
타의 타카아키라 고토Takaakira Goto와 요다Yoda, 여성 베
이시스트 타마키Tamaki, 드러머 야스노리 타카다Yasunori
Takada 등으로 구성된 인스트루멘탈 밴드다. 2003년 발
표한 [One Step More, You Die]와 2004년 [Walking
Cloud and Deep Red Sky, Flag Fluttered and the
Sun Shined]로 포스트록 팬들을 새로운 세계로 인도했
다는 찬사를 받았다. 심포니 음악의 현악 연주 소리를 내
기 위해 사용하는 트레몰로 주법과 장엄하게 펼쳐지는
오케스트라 사운드 속에서 광활하게 눈 덮인 혹한의 라
플란드를 느낄 수 있다.

포스트록이란 그런 것이다. 단편적인 노이즈의 세계에 갇히지 않고 어떤 심상과 새로운 차원, 한 편의 영화 혹은 여행과 같은 스토리와 여정을 표현해내고 느끼는 것이다. 모든 이들에게 주어진 세상과 여행은 저마다 다를 것이니, 그것들 모두 소중하고 아름다울 테니 말이다.

눈 내리는 헬싱키. 간밤에 불면증으로 새벽을 웅크리고 견딘 사이에
제법 눈이 내렸나보다. 새벽이 아침을 분만하는 시간 동안 눈을 뜨고
있노라면 매일매일 찾아오는 아침도 경이롭기 그지없다. 배터리 충
전기에서 새어나오는 불빛의 깜빡거림이 방의 어둠에 실례가 되지
않는 순간, 아침은 조금씩 방 구석구석을 파고든다. 나는 뜨지 않은
눈으로 손을 뻗어 뜨거워진 배터리를 뽑아내 머리맡 작은 선반에 올
려놓은 뒤 사다리를 타고 이층침대를 내려왔다. 높은 천장과 커다란
창문 덕분에 누워서도 창밖에 흩날리는 눈을 볼 수 있지만, 여행 가이
드북에서나 볼 수 있었던 핀란드의 하얀 숲을 좀더 경건한 자세로 보
고 싶었다.

창가에 서서 손으로 유리를 쓸어내렸다. 고결한 눈의 여왕이 겨우내 스칸디나비아를 지나는 동안, 이곳은 무슨 그리 큰 죄를 지었길래 그녀의 흔적에 시달리는 걸까. 사람의 키만큼, 비현실적으로, 하지만 분명 현실로 다가온 풍만한 눈을 바라보며 어린 시절 동화책에서 만났던 여왕의 새하얗고 기다란 속눈썹을 떠올렸다. 그녀는 새하얀 속눈썹에 맑고 투명한 하늘빛 눈동자를 가졌더랬다. 한 번의 호흡만으로도 공기를 얼려버리는 그녀에게 세상의 모든 동물과 식물들이 등을 돌렸지만, 유일하게 남아 그녀를 위로해준 게 있었으니, 그건 바로 눈동자에 고인 눈물이었다. 그녀를 만나기 위해, 나는 라플란드에서 이곳까지 불어온 건지 모른다.

나는 눈보라 속에 파묻힐 셈으로 유스호스텔을 나섰다. 새벽녘, 불면
증이 가져다준 시간적 여유 덕분에 유일하게 인터넷이 잡히는 부엌
에서 여행 계획을 수정했다. 원래 계획이 대단한 건 아니었다. 꿈에
그리던 라플란드에 갈 수 있다는 것만으로도, 북유럽의 북쪽을 향한
다는 것만으로도 나는 바랄 게 없었다. 하지만 코펜하겐-오덴세-말
뫼-스톡홀름-헬싱키로 이어지는 여정이 도시의 연속이었던지라 북
유럽의 대자연을 향한 갈증이 생각보다 빨리 찾아온 게 문제였다. 곰
곰이 생각한 끝에 헬싱키에서의 남은 일정과 탐페레 여행을 취소했다.

사실 계획을 변경한다는 게 쉬운 일은 아니었다. 봄, 겨울의 라플란드는 어마어마한 폭설로 인해 대부분의 교통과 숙박시설이 마비되기 때문에 버스나 기차 시간표, 호텔 정보 등을 구체적으로 챙겨야 하기 때문이다. 특히 핀란드의 숲을 절정으로 느끼기 위해 예약한 나의 유스호스텔의 경우, 숲속 한가운데에 위치해 있기 때문에 로바니에미Rovaniemi 기차역에서 다시 버스를 한 시간 달려 숲으로 들어간 뒤, 자가용을 타고 4킬로미터를 더 들어가야 하기에 심혈을 기울여 일정을 조정해야 했다.

북유럽에 머무는 동안 몇 차례 계획을 바꾸다보니 머릿속에 수많은 경우의 수를 생각하는 버릇이 생겨버렸다. 머리 아프고 골치 아픈 버릇이었지만, 그 경우의 수가 내게는 생존방법이었다. 여행하는 동안 잊지 말아야 할 것은 최악의 사태가 벌어진다 해도 나는 결국 혼자라는 사실이다. 북유럽에서 나는 그리 낭만적이지도, 자유롭지도 않았다. 자유를 찾아 떠난 여행에서 몸뚱어리 하나가 홀로 먹고사는 데 얼마나 많은 책임을 져야 하는지 배우고 돌아왔다고 해도 지나치지 않다. 사람들이 찾지 않는 겨울의 북유럽을 홀로 찾은 나는 언제나 극한 상황을 미리 예상해야 했고, 얼어 죽는다는, 한국에서라면 상상도 못할 일을 현실로 대비해야 했다.

도시의 갑갑함에 현기증을 느끼던 나를 위해 단행한 새로운 여행 공식을 안고 나는 북쪽으로 향했다. 매일 지나치던 유스호스텔의 계단 벽면에 커다랗게 붙어 있는 순백의 라플란드와 순록 사진들이 나를 자극한 것인지도 모른다는 생각이 들었다. 나는 그 사진들을 스쳐지날 때마다 활짝 웃곤 했으니까. 트램을 타고 헬싱키 기차역으로 향했다. 로바니에미행 야간열차를 예약하며 스칸레일패스를 그었다. 꿈에 그리던 북극. 북쪽으로, 더 북쪽으로. 산타클로스와 얼음여왕이 사는 곳, 라플란드에서는 그득한 눈발 속에서 순록들의 레이싱 경주가 이어지고 있었다.

대개 사람들은 사람과 사람 사이의 이별을 제외한, 다른 이별에 대해 중요하게 여기지 않는다. 가끔 아, 그때가 마지막이었구나, 라고 생각할 뿐 금세 다른 것으로 생의 관심을 돌리곤 한다. 살며, 나는 그런 부분이 가장 슬펐다. 어린 시절, 엄마와 함께 마트에 장을 보러 가던 날, 카트에 살포시 들어가서 아직 계산하지 않은 아이스크림을 뜯어서 먹던 일, 부모님과 같은 침대에서 잔 마지막 날 밤, 고등학교 때 사귀었던 남자친구의 청천벽력 같은 이별 통보 같은 거 말이다. 그때 그게 마지막이라는 걸 알았더라면 최선을 다해 카트를 탔을 텐데, 최선을 다해 엄마 아빠 품에 안겨 잤을 텐데, 최선을 다해 남자친구와 이별했을 텐데, 라는 그런 후회 말이다.

나는 모든 이별에 최선을 다하기로 했다. 그런데 여행에서의 이별은 일상의 그것에 비해 조금 쉬웠다. 착착 계획에 맞춰 진행되는 일정으로 움직이다보니 '마지막'이라는 느낌을 쉽게 떨칠 수 있었다. 어떤 여행자들은 짐을 싸 정들었던 숙소와 도시를 떠나는 것이 못내 섭섭하다고 눈물짓지만, 나는 '정확'하고 '확실'하게 이별할 수 있음에 매력을 느꼈다. 언제 다시 올지 모르는, 어쩌면 죽을 때까지 다시 볼 수 없는 광경. 여행지에서 나는 십 초 이상 눈을 감고 온 정신을 집중해 그곳과 완전히 이별하는 의식을 치렀다. 훗날 그곳을 떠올려도 절대로 아쉽지 않을 정도로, 깔끔한 하나의 추억으로 남을 수 있도록 말이다. '그때가 마지막일 줄이야, 다시 그때로 돌아갈 수 있다면'이 아닌, '그때 정말 행복했어. 하지만 난 그곳과 제대로 작별 인사를 건네고 왔어. 마지막임을 직감했거든.' 이 얼마나 완전한 기억인가! 안녕, 잘 지내! 이곳에서의 모든 기억!

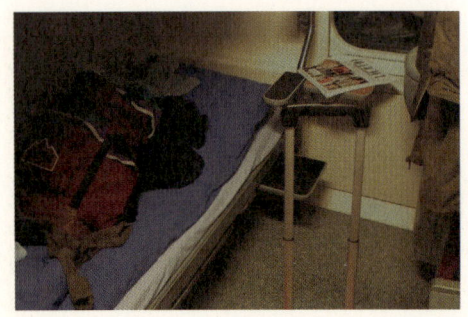

새까만 새벽을 달리며 흔들리는 기차에서 샤워를 한 뒤, 젖은 머리를 털며 캐빈으로 돌아오니 요안나는 창밖을 내다보고 있었다. 로바니에미에서 디자인 공부를 하는 그녀는 고향 헬싱키에서 엄마를 만났다가 다시 학교로 올라가는 길이다.

◎ 요안나, 야식 먹지 않을래?

우리는 열 개가 넘는 열차 칸을 지나 식당칸으로 향했다. 나는 그녀에게 핀란드식 요리를 추천받아, 미트볼과 라즈베리 시럽을 곁들인 으깬 감자를 먹어보기로 했다. 입맛에 맞건 그렇지 않건, 그 나라의 전통음식을 먹는 일은 언제나 흥미롭다. 수프만큼 부드럽게 으깨어 낸 감자와 소스가 하루 종일 비쩍 말라 있던 위를 든든히 채워나갔다.

◎ 티셔츠의 그림, 늑대를 그린 거니?

◎ 맞아. 늑대가 그려진 티셔츠는 스톡홀름에서도 한 장 샀어. 차가
운 북유럽의 숲을 표현한 듯한 티셔츠는 안 사고 못 배기겠더라고.

접시를 완전히 비운 뒤, 얼음으로 가득한 콜라 잔을 빨대로 휘저으며
나는 대답했다.

◎ 못 말려. 가방도 늑대 투성이야. 나도 오늘 오기 전에 엄마랑 백화
점에 들러서 워커를 샀어. 로바니에미는 작은 마을이라 맘에 드는 신
발은 없더라고. 그래도 이 워커 신고 미끄러질 걱정 없이 걸을 수 있
어 다행이야.

그녀는 새로 산 신발로 바닥을 쿵쿵 치며 어린아이처럼 즐거워했다.

◎ 지금도 로바니에미, 많이 추울까?

나는 여행 내내 신고 다녀 많이 낡아버린 운동화를 바라보며 물었다.

◎ 글쎄, 이제 곧 봄이잖아. 눈은 계속 내리고 있지만 생각보다 안 추울 거야. 내가 볼 때 지금이 딱 좋은 것 같은데? 눈 덮인 라플란드 도 볼 수 있고, 체감온도도 꽤 높으니 말이야.

◎ 정말? 다행이다. 근데 음반 파는 가게도 없는 거야? 요안나, 핀란 드에 괜찮은 포스트록 뮤지션으로 누가 있을까? 핀란드 밴드는 잘 몰라서 말이야. 네가 좋아하는 애들 좀 알려줘.

그녀는 내 물음에는 대꾸하지 않은 채 새파란 미소를 지었다. 그러고는 내 가죽 다이어리를 펼쳐 Rubik, Husky Rescue, Magyar Posse, Callisto, Plain Fade 등의 밴드들을 적어나갔다. 방으로 돌아가서 우리는 다이어리에 적힌 밴드들의 음악을 하나씩 들었다. 그렇게 몇 시간 동안, 음악에서 흐르는 악기 소리를 따라하며 그녀와 나는 웃고 있었다. 창밖의 침엽수림 위로 보름달만이 제자리를 지키며 우리를 지켜보고 있었다. 몇 시간 후면 저 달을 뒤로하고 해가 솟아오를 것이다. 봄이 내리고 있는 3월 말의 라플란드.

◎ 구름은 흘러가는데, 나는 여기 그대로야.

그녀가 노래하고 있었다.

숲에 내리는
기분 좋은 음울함,
그 몽롱한 음침함이 좋아.
새벽달 여명이 내리는 짙은 군청의 숲속과
빛조차 닿지 않는 깊은 심해 속 한 줄기 호흡 같은,
광활한 우주와 닮은
그 우울함이 좋아.

이상하지.

우리는 늘 고통받는 쪽이 좀더 편안한 것 같아.

오랜 시간 길들여져서인지,

눈부시게 빛나는 밝은 기운은 도리어 불안만 안겨주지.

절정의 순간도 결국 잠시,

행복의 절정 이후가 늘 두렵기만 하지.

절정 이후의 것들은

더 나을 것이 없기에

행복을 느끼는 순간 우리는 눈물을 흘리는 건지 몰라.

제발 떠나지마, 라고

그 찰나의 행복을 아파하는지 몰라.

절정의 끝을 향해

음악들은 그렇게 지독히

천천히 천천히 흘러가고 있어.

Mogwai

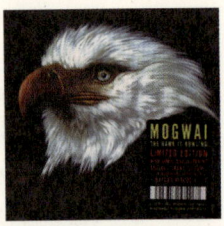

정적인 기타 리프의 반복, 지독하게 장대한 크레센도, 화이트 노이즈, 강하게 휘몰아치는 절정. 기나긴 여정을 풀어놓는 모과이의 트랙은 길고도 험한 핀란드의 라플란드 숲을 달리는 순록의 여정처럼 불길하고도 아름답다. 스코틀랜드 출신의 포스트록 밴드인 이들은 스튜어트 브라이스와이트Stuart Braithwaite (기타, 보컬), 도미닉 애치슨 Dominic Aitchison (베이스), 마틴 불록Martin Bulloch (드럼), 존 커밍스John Cummings (기타), 배리 번즈Barry Burns (기타, 키보드, 플루트)로 이루어진 5인조 밴드다.

'포스트록 밴드의 모범답안'이라 불리는 모과이의 음악
은 지독하리만큼 환각적인 사운드를 배출하는 것으로 정
평이 나 있다. 현대 문명과 그 속을 살아가는 인간은 어쩔
수 없이 우울하다. 이유 없이 몰려오는 우울을 피할 수 없
기에 우리는 저 낮은 곳에서 천천히, 아주 천천히 상승했
다가 또다시 강하게 하강할 것이다. 그건 운명이다.

레이캬비크의 라이브클럽 소도마SÓDOMA.

인류는 왜 노래로

무언가를 전하려는 걸까.

사랑에 대한 이야기,

세상에 대한 이야기,

자연에 대한 이야기.

여전히 답은 보이지 않지만,

여전히 또 노래하고 있는 현실.

우리는 무엇을 위하여

노래하는 걸까?

음악,

그것은

위안

생명이라기보다

우주.

태초의 빛.

가장 위대하고 아름다운

영혼의 비행.

하늘은 빛을 다시 감싸안았고, 공기는 평온을 되찾았다. 파도는 달의 작용을 반복하고, 사람들은 더이상 소녀의 행방을 알 수 없었다. 자갈을 지나 절벽에 기댄 동굴에서는 비가 내리고 있었다. 욘시가 홀로 지키던 동굴, 금빛처럼 반짝이는 바위가 저기 있었다. 태양은, 공기는, 파도는, 동굴은, 비는 이렇게 말하는 것 같았다. 가장 투명하고 완전한 나로 살아가라고. 나의 치명적인 약점을 그들은 알고 있었다.

나는 믿지 않았다. 사람과 사람 사이의 관계에서, 서로가 서로에게 거 짓 없이 완전한 모습을 보여줄 수 없다고 여겼다. 모든 것을 내어줄 것 같은 사랑하는 사람에게도, 세상 유일한 가족에게도, 자아라는 이름 의 또다른 나에게도 말할 수 없는 게 있다고 확신했다. 삶에 대한 의 무감, 관계의 지속을 위한 타협, 자신을 지키려는 철저한 자기 합리 화…… 우리는 다양한 근거를 제시하며 진실된 모습을 숨긴 채 살아 가지 않던가. 오늘날 많은 이들이 '관계'에 실패해 아파하는 이유도 여기에 있으리라. 환한 대낮에 벌거벗은 나체로 대화하듯이 모든 것 을 내보여야만 하는 관계에의 강요. 그리고 다시 새롭게 맺어야 하는 또다른 관계.

소통하기 위해 감춰야 하는 아이러니. 누구도 받아들이지 못했던 내 모든 모습을 받아줄 수 있었던 것은 '자신'이라는 존재. 그런데 이곳 아이슬란드 남쪽 해안마을 비크에서 나는 부서져 내리는 파도의 포말 같은 실낱같은 희망을 발견할 수 있었다. 어차피 세상 속에서 나라는 존재는 무너지고 부서지는 존재. 그렇다면 내가 먼저 다가가리라, 내가 먼저 부서져 내리리라 다짐하고 있었다. 그것은 분명 여행 전의 자포자기와는 달라서, 나는 조심스레 '용기'라는 이름을 지어주었다. 세상의 끝에서 세상의 시작을 발견한 듯한 기분. 나는 조금씩 나라는 아이 속으로, 이미 주어진 그리고 앞으로 나를 힘겹게 할 관계 속으로 발을 내딛고 있었다. 한 걸음 한 걸음, 조심조심, 하지만 단호하게.

도시는 팽창한다. 도시는 항상 더부룩한 가스로 가득 차 있다. 도시는 소화불량이다. 도시는 달라진다. 어제의 도시와 오늘의 도시가 다르다. 도시는 증식하고, 확장하며, 거대해진다. 도시가 커갈수록 그 속에 살고 있는 사람들은 어딘가로 밀려난다. 도시 밖으로 밀려난다. 그들이 어디로 가는지 아무도 궁금해 하지 않는다.

사진은 추억을 그리는 그림이다. 현실과 너무도 똑같아 섬뜩하게 다가오는 그림이다. 우리의 소소한 일상은 물론 영육靈肉을 관통해온 시간과 역사를 돌아보게 하는 빛의 그림이다. 사진은 고고학이다. 언젠가 사라질 개인의 기억을 복원하는 작업이다. 사진을 찍는다는 건 다시는 돌아오지 않을 지나간 시간을 '발굴'하는 것이다. 과거, 현재, 미래…… 사진은 시간의 여백을 빛으로 채워준다. 사진은 모든 현상과 모든 존재하는 것의 흔적과 체취를 매만진다. 그것을 있는 그대로 바라본다.

인간이 피곤한 건 세상 모든 것에 원인과 결과를 갖다 붙이는 습성을 갖고 있기 때문이다. 우리는 늘 이유를 찾느라 부산을 떤다. 이유를 설명하기 위해 시간을 허비한다. 내가 지금 정확히 보고 있는지 고민하고, 내가 지금 정확히 행하고 있는지 알기 위해 공을 들인다. 때론 보이는 그대로 믿는 게 행복할 때가 있다. 세상은 '보는' 것만으로도 충분하다.

귓전을 맴도는 서정적인 선율. 한 줄기 바람처럼 스치는 고고함. 나를 스쳐간 일상의 '지난날'을 무심히 응시할 수 있는 여유. 삶의 리얼리티를 기억할 수 있는 몸과 마음. 새로운 것을 향해 질문을 던지는 끊임없는 호기심. 이 세상 모든 행복의 기준으로 여겨지는 삶. 누군가의 행복 리트머스가 되고픈 간절한 소망.

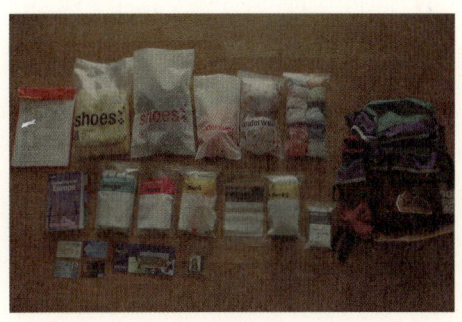

방을 정리하는 방법. 나와 보낸 시간 별로 묶어 분류하는 것. 내 곁에 머문 시간에 맞춰 나누어보는 것. 하루를 보낸 것. 일주일을 보낸 것. 한 달을 보낸 것. 일 년을 보낸 것. 삼 년을 보낸 것. 십 년을 보낸 것. 때론 그 이상을 보낸 것. 십 년을 보낸 '애물愛物'이 없다면 반성할 것. 잊지 말 것. 쓸모없는 것에 마음을 담을 것. 가장 보편적인 존재에게 애정을 다 바칠 것. 명심할 것. 그 사랑이 당신을 말해준다는 걸.

한 해가 갔어. 일 년을 보내고 나서야 느껴. 하루 365일만큼 나는 또 변했구나. 변하고 싶지 않다. 변하고 싶다. 변하고 싶지 않다……. 몇 번이나 생각해보곤 했어. 그러는 사이 시간은 또 흐르고 나는 변해. 결국 한 해가 갔어. 앞으로 일 년이 지나면 또 많은 것들이 바뀔지도 몰라. 나조차도 바뀌어버린 내가 낯설지 몰라. 그러니까 내 곁을 지켜 주었으면 해. 부탁할게.

여기에서의 생활은 늘 여느 때와 다름이 없다. 조금 다른 것이 있다면 난 더이상 아이가 아니라는 것. 어제에 비하면 조금 더 자라버렸다는 것. 아침에 눈을 떠도 설레지 않다는 것. 자꾸만 어제를 잊는다는 것. 빛나던 순간들을 자꾸만 잊어간다는 사실마저 잊게 되는 것. 아니, 사실 어제와 조금 다른 것이 있다면 나는 아직도 아이이길 바란다는 것. 어린 아이라는 것.

여행 정보

5. 라플란드

- 라플란드는 스칸디나비아 반도 북부에서 핀란드와 러시아 북부까지 이어지는 지역을 말한다. 라플란드는 스웨덴어로, 핀란드어로는 라피, 노르웨이어로는 사메란드라고 불린다. 북극에 해당하는 지역이기 때문에 남부의 삼림지대를 제외하고는 식물이 드문드문 존재하는 황량한 땅이다. 사미인 또는 라프인이라고 불리는 원주민들이 살고 있다. 이들은 주로 노르웨이에 거주하고 있으며 사미어라고 불리는 고유의 언어를 사용한다. 2월 초, 노르웨이의 트롬쇠에서는 '사미 위크'라고 불리는 사미 문화 축제가 열린다. 이 시기에 이곳을 찾으면 사미인들이 썰매를 타고 도심을 누비는 모습을 볼 수 있다.

- 핀란드는 스칸디나비아 국가에 속하지 않는다. 스칸디나비아는 스웨덴, 노르웨이, 덴마크를 지칭하는 말로, 이들 국가는 각자의 언어를 이용해서 대화를 해도 의사소통이 가능할 정도로 문화적 동질성이 강하다. 반면 핀란드는 스칸디나비아와는 다른 문화를 보유하고 있다. 역사적으로 스웨덴의 지배를 받아왔기 때문에 스웨덴어가 공용어로 사용되고 있지만, 핀란드어는 스웨덴어와는 전혀 상관없는 언어다. 핀란드어는 러시아-북아시아 일대에서 사용되는 우랄어계 언어로, 단어에 어미를 붙여서 의미를 만드는 것과 특별한 어순이 없다는 점에서 한국어와도 유사하다.

◇ 핀란드의 날씨는 다른 북유럽 국가들처럼 겨울이 길다. 1년 중 가장 더운 7월의 평균 기온은 21도로 한국의 늦봄과 비슷하다. 자외선이 강하기 때문에 모자와 선글라스를 갖고 다녀야 한다. 핀란드 남부의 겨울철 평균 기온은 영하 0도로 그리 춥지 않지만, 날씨에 따라 영하 30도까지 떨어지니 유의해야 한다. 북부 라플란드 지방의 겨울은 스웨덴과 노르웨이의 북부 지역처럼 최대 영하 45도까지 떨어지는 혹독한 날씨를 가지고 있다.

◇ 헬싱키는 발트 해에 인접한 항구도시다. 원래 핀란드의 수도는 투크루였으나, 19세기에 러시아의 알렉산드르 1세가 핀란드에 대한 스웨덴의 영향력을 줄이기 위해 수도를 헬싱키로 옮기게 되었고, 독일 출신의 건축가 카를 루드비히 엥겔이 설계한 건축물들로 도시가 급성장하게 된다.

◇ 핀란드의 대중교통 체계는 HKL이라는 체계로 통합되어 있다. 버스, 지하철, 기차, 트램, 수오멘리나 페리로 구성되어 있다. 1시간 이용 가능한 HKL티켓은 탑승 후 구입하면 2.5유로로, 미리 구매하면 2유로다. 티켓이 있으면 무제한으로 갈아탈 수 있다. 1일 혹은 여러 날 이용 가능한 티켓도 있으며, 24/48/72시간 당 6.8/10.2/13.6유로로 구성되어 있다.

○ 헬싱키 관광안내소와 호텔, 버스터미널에서는 '헬싱키 카드'를 구입할
◇ 수 있다. 스웨덴의 스톡홀름 카드와 비슷한 기능을 하는 카드로 대중
교통과 관광지 입장을 함께 해결할 수 있다. 24/48/72시간당 성인은
34~55유로, 어린이는 13~19유로. 인터넷에서 좀더 저렴하게 구입
할 수 있다. www.helsinkicard.fi

○ 티바스티아 클럽www.tavastiaklub.fi은 헬싱키의 유명 록 공연장으로 일
◇ 주일 내내 공연을 즐길 수 있다. 핀란드의 인기 있는 밴드는 물론 해
외에서 온 밴드들도 공연을 펼친다. 재즈와 록이 혼합된 퓨전음악을
들을 수 있는 유투투파www.juttutupa.com도 핀란드의 대표적인 라이브
바. 유명 아티스트들의 콘서트는 아이스하키 경기장인 하르트발 아레
나에서 주로 열린다. www.hartwall-areena.com

○ 핀란드는 세계에서 커피를 가장 많이 소비하는 국가다. 헬싱키 시내
◇ 에는 100년이 넘은 오래된 카페를 찾아볼 수 있다. 헬싱키에 방문하
면 달콤한 맛의 핀란드 빵인 풀라와 커피를 함께 마셔보아야 한다.
1852년에 문을 연 이래, 한자리에서 대를 이어가며 운영되고 있는 카
페 엑베리가 대표 명소. www.cafeekberg.fi

◇ 로바니에미는 핀란드 라플란드 주의 주도이다. 로바니에미에서는 북극 여행에 대한 정보를 얻을 수 있는데, 북극을 테마로 한 박물관인 악티쿰에 가면 북극에 대한 모든 정보를 얻을 수 있다. 스키와 스노모빌, 순록과 허스키가 끄는 썰매 등 겨울 레저 활동에 관심이 많은 여행자라면 로바니에미에 있는 여행사들을 방문하면 다양한 프로그램들을 접할 수 있다.

◇ 로바니에미는 산타클로스 마을이 있는 니파파리 지역과 가깝다. 북극권 최남단 지역으로 1년에 단 하루도 해가 지지 않는 곳으로 알려져 있다. 산타클로스 마을에는 관광객들을 상대로 하는 다양한 상점이 밀집해 있고, 매년 75만 통의 편지가 배달되는 산타클로스 우체국도 여기에 있다. 산타클로스는 자신의 사무실에서 방문객들과 대화를 나눈다. 사진 촬영을 하려면 별도로 25유로를 더 내야 한다.

www.santaclauslive.com/english

길.

길을 걷다보면 알게 되는 것.

길은 계속 이어진다는 것.

그러니 우리,

계속 걸어요.

epilogue

뮤의 노래 〈Snow Brigade〉 후렴에 이런 가사가 있다.

I'll find you somewhere
Show you how much I care

늘 심장이 터질 것만 같았다. 눈발이 휘날리는 새하얀 세상을 내려다보며 사랑하는 사람을 찾아 헤매는 그런 마음. 그런 마음을 받고 있는 기분. 나를 찾아 세상을 샅샅이 떠도는 그 사람이 있다고 생각했다. 혹한의 북유럽을 시름시름 앓으며 헤매고 난 뒤에도 그 마음에는 여전히 변화가 없다.

북유럽의 세상과 북유럽의 음악들. 나는 그곳을 좋아한다고, 사랑한다고 말할 수 없다. 내게 그곳은, 그것들은 가족과도 같은 것이다. 사람들에게 '나는 내 가족을 좋아해'라고 말할 수 없듯이, 혹은 엄마를 생각하면 눈물부터 글썽이듯이, 툭 건드리면 터지는 것이다. 몸과 마음이 완전히 일상에서 이탈해버리는 현상. 나에게 북유럽은 그런 곳이다.

남색 하늘을 녹색빛, 오렌지빛으로 뒤덮으며 타오르는 아이슬란드 오로라, 끝없이 펼쳐진 눈 덮인 침엽수림, 눈의 여왕이 사는 라플란드, 1년 365일 크리스마스인 핀란드 산타클로스 마을, 새하얀 대지를 가로지르는 순록들과 허스키, 깊고 차가운 스웨덴의 호수와 폭포, 빙하, 그리고 산맥을 가로지르는 노르웨이 피오르. 내가 사랑하는 북유럽 음악이 고스란히 묻어 있는 그곳의 차갑고도 신비로운 이미지 앞에서 나는 숨이 멎는 듯했다. 눈물이 흐를 때도 있었다. 닿을 수 없음에 슬펐기 때문이 아니라 너무나도 찬란하고 경이로워 나 같은 존재가 과연 닿을 수 있을까, 하는 치명적인 아름다움 때문이었다.

음악을 즐기기 위해 듣고, 여행을 쉬기 위해 간다는 사람이 있다. 나는 그게 참 이해가 되지 않는다. 늘 음악과 함께 살아온, 지금도 음악을 하고 있는, 많은 세상을 다니고, 여전히 여행을 다니는 나는 음악과 여행이 즐거웠던 적이 한 번도 없었다. 내가 사랑하는 음악들은 늘 내 마음속 깊숙한 상처의 폐부를 찔렀다. 그때마다 나는 지독히 아팠고 황홀했다. 내가 꿈꿔온 나라들은 닿아도 닿아도 온

전히 가질 수 없었기에, 나는 늘 애달팠다. 그토록 원했건
만 가질 수 없는 것들. 음악은, 세상은 사랑하면 할수록 두
려운 대상이었다. 하지만 그 사랑이 길어지고 깊어질수록
세상이 강요하는 가치와 감정에 휘둘리지 않는 나를 발
견하게 되었다. 단단하고 솔직한 자아. 다른 사람들은 '매
력'이라고 부르지만 스스로 '안도'하고 내쉬는 어떤 상태.
음악과 여행을 통해 나는 한 뼘 한 뼘 자라게 되었다.

그렇게 나는 떠났다. 모든 걸 내어놓고 엉엉 울어도 조금
도 꿈쩍 않는 자연이라는 큰 세상을 가진 북유럽. 내가 사
랑하는 북유럽 밴드들이 뿜어내는 지독한 감성이 어디에
서 흘러나왔는지 알기 위해, 찾기 위해, 품기 위해. '그들
이 사는 세상'에서 그들의 방식으로 살아가기 위해. 이것

이 내가 무언가를 사랑하는 정도이자 방식이다. 스톡홀름, 폭우가 내리던 날 켄트의 단독 공연을 보며 나는 꿈을 꾸었다. 이 기다란 나라, 깊은 대자연, 새하얀 사람들, 차가운 도시에 다시 오겠다고, 내 삶이 다할 때까지 닿고 또 닿겠노라고. 반짝반짝 빛나는, 내겐 너무나 소중한 북유럽. 좋아한다고, 사랑한다고 말할 수 없을 만큼 소중한 나의 세상.

북유럽 음악의 유려한 물길,

여러 갈래 지류의 혼합과 선명한 공존

대중음악평론가 나도원의

북유럽 음악 이야기

나도원 ｜ 대중음악평론가, 『결국, 음악』 지은이

팝의 제3세력

차가운 고대의 신화와 뜨거운 영웅의 전설을 간직한 『에다Edda』, 그리고 전승시가를 기록한 『자가스Sagas』의 땅을 많은 이들이 막연한 동경을 품고 그려본다. 바깥에 사는 이들에게 유별나게 칭송받는 나라, 즉 '타자 환상'의 대상인 인도만큼은 아니겠지만 말이다. 한국의 어떤 음악인이 북유럽 국가들을 둘러보고 "정말 사람 사는 것처럼 살더라"며 부러워한 일을 기억한다. 그런가 하면 현지의 어떤 음악인은 "여긴 참 심심하고 재미없는 곳"이라며 너스레 떠는 것을 본 기억도 있다. 북유럽의 위치와 자연이 자아내는 신비로움 때문인지 그 동네의 음악에서 청명함이나 서늘함을 찾아내려는 사람들도 종종 발견한다. 글쎄, 그것은 어떤 면에서는 오해이지만, 동시에 어떤 면에선 진실이다.

북유럽의 음악세계는 두꺼운 빙하와 깊은 숲 아래에 감춰져 있지 않았다. 세계의 대중음악을 주도한 영국과 미국 다음의 위상과 역할을 오래전부터 점하고 있었다. 굳이 스웨덴에서 흘러나와 1970년대의 공기를 화려하게 물들인 아바ABBA, 1980년대 팝 시장을 석권한 노르웨이 청년들인 아하A-Ha, 혹은 대중의 사랑을 받은 하드 록 밴드 유럽Europe과 헤비메탈 기타의 신으로까지 추앙받은 잉베이 맘스틴Yngwie Malmsteen과 같은 스웨덴 로커들을 언급하기가 어딘지 새삼스럽게 느껴진다. 이후에도 스웨덴의 카디건스Cardigans와 노르웨이의 디사운드D'Sound 그리고 아이슬란드의 뷔욕Bjork처럼 세계적인 아티스트들이 끊임없이 등장해왔다. 그러니까 북유럽은 볕이 잘 들지 않는 귀퉁이가 아니라 세계 음악사의 본류와 합류하여 도도히 흘러온 팝의 제3세력이다.

1990년대 중반부터는 모던 록과 인디 팝의 활약이 두드러진다. 핀란드에서 로맨티시즘을 고스goth의 전통 아래에서 현대화한 힘HIM을 비롯하여 개러지 록 밴드 하이브

즈The Hives라든가, 어느덧 한국 방랑자로도 유명해진 라쎄 린드Lasse Lindh 등은 그들 중 일부에 불과하다. 덴마크의 뮤Mew와 스웨덴의 켄트Kent처럼 세계적인 스타 밴드들도 적지 않다. 다양한 음악 경향을 모두 수렴해온 북유럽의 대중음악으로부터 공통의 무언가를 찾아내려는 시도는 번번이 실패해왔다. 또한 이것은 20세기 후반 이후에 나타난 음악계 전반의 특징이기도 하다. 결국 속 편한 첫번째 결론은, 북유럽 음악의 특징이 전 세계 음악의 추세를 반영하는 보편성에 있다는 것이다.

전위의 분화구

그럼에도 흥미로운 것은 마니아 취향의 음악을 유난히 많이 배출해왔다는 사실이다. 북유럽은 최전위에서 극단을 실험하는 음악인들 때문에 더욱 각별할 수밖에 없다. 노르웨이의 엠페러Emperor와 딤무 보르기르Dimmu Borgir는 어둠의 마력을 뿜어낸 자들이고, 씨어터 오브 트래저디 Theatre of Tragedy와 그린 카네이션Green Carnation은 신비의 주술과 사유의 깊이를 훌륭한 음악으로 표현한 대표자들이다. 스웨덴은 디섹션Dissection과 레이크 오브 티얼스Lake of Tears, 그리고 인 플레임스In Flames와 다크 트랭퀼리티Dark Tranquillity, 또한 오페쓰Opeth처럼 진취적인 헤비뮤직 선구자들의 이름이 새겨진 팸플릿을 한 다발 넘게 보유하고 있다. 핀란드 역시 나이트위시Nightwish와 스트라토바리우스Stratovarius처럼 대중적으로 성공한 밴드들 외에도 센텐스드Sentenced와 아모피스Amorphis, 그리고 엔트와인Entwine과 투다이포To/Die/For에 이르기까지 뉴웨이브 고딕의 산실로 기록되고 있다.

북유럽을 중심으로 1990년대 중반부터 2000년대 초반까지 실험성과 예술성의 전위로 등극한 익스트림 뮤직 중에는 메시지마저 극단으로 치달은 경우가 많았다. 사회민주주의 복지국가 체제에 대한 내부의 반감에서 비롯된 인종주의와 극우 성향을 보인 이들마저 있었다. 반면 긍정적인 고유성 또한 특징이다. 북유럽의 신화와 전설, 그리고 고대사에 대한 관심을 음악으로 형상화하는 작업이 적극 시도되어온 것이다. 전통악기를 활용하는 수준은 애당초에 넘어섰다. 코르피클라니Korpiklaani에서 볼 수

있는 것처럼 민속음악의 가락을 주 선율로 삼고 그 장단
으로 뼈대를 구성하는 단계로 넘어온 지 꽤 되었다. "그
런 건 듣지도 않고 관심도 없다." 쎄리온Therion의 크리스
토퍼Christofer Johnsson는 2004년, 포크folk와의 접목에 관심
이 깊으냐는 인터뷰어의 물음에 이렇게 답했지만, 각지
에서, 그리고 각 장르에서 포크의 잔향을 감지하기란 전
혀 어렵지가 않다. 특히 영어가 아니라 모국어를 음악의
요소로 자신감 있게 시도한 음악인들이 무척 많은 것도
중요한 지점이다.

새로운 경향을 적극 수용한 음악인들이 많은 상황을 간
과한다면 게으름을 자인하는 꼴이 될 것이다. 다양한 장
르가 만들어지고 교접하는 음악계에서 2000년대의 중요
한 음악 경향으로 포스트록이 전파되었다. 이 장르에 대
한 최초의 규정과 달리, 그리고 흔하게 오용하는 것과 달
리, 포스트록은 어느덧 지향을 넘어 타입으로 '장르화'
했다. 하지만 그 유산은 광범위하게 파급되어 또다른 스
타일을 파생시켰고, 음악에 더이상 새로울 건 없다던 불
신을 불식시킨다. 앞서 다른 예술동네에도 인간 안에 무

한히 남아 있는 미지의 감성 영역을 향한 탐험을 통해 유
사한 감흥을 유발한 이들의 명단은 길게 작성되어 있다.
하지만 포스트록의 기법은 더 쉬웠고, 덜 어두웠고, 더
널리 퍼졌다.

그 대표자들로 영국에 모과이Mogwai가 있고, 미국에 익스
플로전스 인 더 스카이Explosions In The Sky가 있으며, 일본에
모노Mono가 있다면, 아이슬란드에는 시규어 로스Sigur Rós
가 있다(혹시라도 북유럽과 아이슬란드를 함께 말하고
있다고 의아하게 여길 런지 모르겠다. 가장 일반적인 세
계지도로 보면 거리도 꽤 떨어져 있는 것처럼 보일 테지
만, 실상에 가까운 지구본을 떠올려보면 그렇지 않다는
사실을 알 수 있을 것이다. 게다가 스칸디나비아 반도와
아이슬란드는 앞서 말한 『에다』와 『자가스』뿐만 아니라
룬문자를 공유하는 사이다). 포스트록은 대개 단음 프레
이즈와 점층 무드에 의한 감성의 고양이 주를 이루는 가
운데, 돌출보다 누적된 감흥의 분출과 펼침으로 심화心畵
를 그려낸다. 소소한 일상을 쌓아 지구와 우주로 확장해
나아가듯이 소박한 멜로디와 노이즈가 화폭을 넓혀간다.

그 정서의 정체는 그저 멜랑콜리가 아니라 고도의 기교 지향과 세기말의 징후인 그로테스크를 털어낸 명상, 그리고 아름다운 대지를 향한 유대감이다. 이것을 안다면 서사敍事가 아니라 서경敍京의 사운드라는 말을 이해할 수 있다. 게다가 북유럽은 음악과 영상, 그리고 인간과 자연의 합일을 표현할 수 있는 환경을 제공한다.

음악에 대하여 '아낌 많은' 관심을 보이는 한국과 달리 다양성이 공존할 수 있는 (또다른 의미의) 환경을 가지고 있는 곳이 북유럽이다. 보편화된 음악교육과 대중예술 지원 정책, 그리고 예술인의 권리를 보호하는 장치가 잘 마련되어 있기에 비주류 음악인도 자신의 노선을 고집할 수 있다. 이러한 환경에서 첼리스트들로 구성된 록밴드 아포칼립티카Apocalyptica가 등장할 수 있었고, 인디팝 듀오 킹스 오브 컨비니언스Kings of Convenience가 세계인의 환대를 받게 될 날을 기다릴 수 있었다. 그렇기에 북유럽 음악 안에는 세계 음악시장과 교류하는 보편성과 새롭고 기이한 것들을 뿜어내는 분화구에서 빚어진 특수성의 공존이 가능했다.

<u>1</u>

Sigur Rós,

음악과
영상과 언어,
그리고
자연의
포스트록

여기 고요의 흔적이 있다. 그늘 아래 눈물과 미소가 있다. 그리고 대자연의 숨결이 있다. 풍경landscape과 음경soundscape은 하나가 된다. 음악과 영상, 그리고 언어의 시너지를 극대화한 시규어 로스에 의해 발생한 사건이다. 그들은 꽃을 피우자마자 듣기에 거북할 정도의 찬사를 받았다. 그러나 밴드의 이름이 가진 뜻처럼 '승리의 장미'는 오랫동안 시들지 않았다. 시규어 로스에게 말을 보태준 이들은 등장과 함께 자국의 차트 정상으로 밀어 올려준 아이슬란드의 팬들만이 아니었다. 뷔욕과 톰 요크Tom Yorke, 벡Beck과 데이빗 보위David Bowie 뿐만 아니라 음악 성향으로 보자면 대서양 건너편만큼이나 멀리 떨어진 음악인들에게마저 사랑받는 밴드가 되었다.

욘 쏘르 비르기손Jon Por Birgisson, 캬르탄 스베인손Kjartan Sveinsson, 기오르크 홀름Georg Holm, 오리 포들 디러손Orri Pall Dyrason으로 구성된 시규어 로스는 데뷔작인 [Von(Hope)] (1997)부터 [Agaetis Byrjun(A Good Beginning)](1999)을 거치면서 이른바 포스트록/익스페리멘틀 기법에 동참했고, 음향의 입체화에 앞장섰다. 제목조차 말하기 어려웠던 [( )](2002)와 [Takk..](2005)를 세상에 내놓을 즈음엔 기법의 실험과 정서의 감동을 모두 성취했다. 사유와 풍경을 탐미적인 사운드로 녹여낸 시규어 로스는 누구든 팬으로 만들어버리는 능력을 유감없이 발휘했다.

'귓가에 남은 잔향 속에서 우리는 끝없이 연주한다'는 뜻의 [Með Suð í Eyrum Við Spilum Endalaust(Med Sud I Eyrum Vid Spilum Endalaust)](2008)와 [Inni](2011) 이후에 공백기를 가지고서 발표한 [Valtari](2012)에 이르기까지 시규어 로스의 출발과 현재에는 일관된 흐름이 있다. 나태와 정체를 찾을 수 있다면 찾아보라. 실패할 것이다. 그리고 트립합이 느와르를 떠올리듯이 특정한 스타일의 음악은 특정한 무드를 조성하곤 했는데, 시규

어 로스는 음악에 자연을 투과함으로써 카페의 배경음
악으로 몰락해버린 뉴에이지의 새로운 버전을 제시했다.

시규어 로스는 21세기 초반을 횡단한 아티스트들답게
영상의 힘도 중시했다. 어쩌면 당연한 일이다. 이들의 음
악 자체가 자연의 영상에서 샘솟았기 때문이다. 앨범 커
버 아트의 미술도 남달랐다. 날개 달린 태아의 모습이 그
려진 [Agaetis Byrjun(A Good Beginning)], 한참을 들여
다봐야 하는 (혹자에겐 변기 커버를 떠오르게 한) [()],
벌거숭이들의 뒷모습으로 유명한 [Med Sud I Eyrum Vid
Spilum Endalaust]만 예로 들어도 충분하다. 나아가 언어
를 음악으로 활용했다. 세계의 대중음악에는 영어로 불
러야 성공할 수 있다는 율법이 선포되어 있었다. 독일의
스콜피온스Scorpions와 헬로윈Helloween도, 스웨덴의 아바도,
또 무수히 많은 이들이 율법을 지켰다. 그러나 스위스의
라크리모스Lacrimosa 등이 자국어의 음악화에 성공하기 시
작했고, 시규어 로스 또한 미래 거장의 음악을 이해하
려면 애를 좀 먹어야 하지 않겠는가 생각했는지 '희망어
Hopelandic'를 창제해버렸다.

콜드플레이Coldplay의 크리스 마틴Chris Martin과 기네스 펠
트로Gwyneth Paltrow가 아이를 낳는 자리에 시규어 로스의
음악이 흘러나오도록 했다고 한다. 새로운 탄생과 순환
을 의미하는 자연, 그리고 이 자연을 대중의 감성에 맞추
면서도 수준 높게 펼쳐 보인 시규어 로스에 대한 가장 흥
미로운 보고서이자 찬사일 것이다. 어쩌면 '지구멸망 10분
전'이 선포되었을 때 누군가는 시규어 로스의 음반을 찾
느라 기꺼이 몇 분을 소비할지 모른다. 그리고 남은 몇
분 동안 음악을 들으며 창밖을 바라볼 것이다.

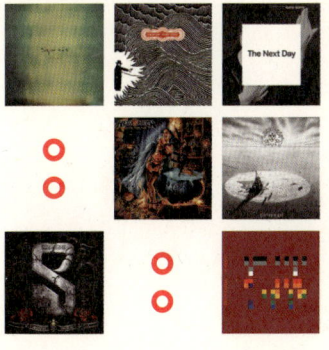

2

Mew,

실험과
통속의
중간지대에
펄럭이는
깃

그다지 상업성이 있을 것 같지 않은 음악(도 일부 포함한 앨범들)이 음악시장에서 대단한 성과를 거두었고, 그리 이해가 쉽지 않을 것 같은 음악(도 일부 포함한 앨범들)을 대중이 정확히 이해했다. 노래와 멜로디를 주로 듣는 이에겐 사운드와 연주 실험의 가치를, 그 반대의 사람에겐 노래의 힘을 알렸다. 바로 그 라디오헤드Radiohead의 후예들은 그 후로도 오랫동안 그들의 옷 주름을 잡으려 손을 뻗었다. 그리고 꽤나 중요한 손짓 하나가 덴마크의 작은 도시인 헬러럽에서 시작되었다.

굳이 라디오헤드를 소환한 이유는 뮤가 비틀스The Beatles
에서 라디오헤드를 경유해온 음악사에서 하나의 종합 모
델을 보여주기 때문이다. 존 레넌John Lennon과 폴 매카트
니Paul McCartney 그리고 톰 요크Tom Yorke의 전기를 읽지 않
은 자의 눈에도 뮤의 토대에 무엇이 있는지는 와이셔츠
칼라의 립스틱자국만큼이나 분명해 보인다.

음악이 아니라 영화를 먼저 매개로 삼아 만난 젊은이들
은 마이 블러디 발렌타인My Bloody Valentine과 픽시즈The Pixies
의 영향을 받아 밴드를 만들었다. 바람직하게도 기성곡
을 재현해보는 일보다 새로운 곡을 만드는 재미에 푹 빠
진 청년들은 이내 인디레이블을 통해 [A Triumph For
Man](1997)과 [Half The World Is Watching Me](2000)
를 발표하며 첫걸음을 떼었다. 그들의 가능성을 알아
챈 메이저 레이블 소니와 계약을 맺고 선보인 [Frengers]
(2003)는 극찬을 받았으며, 이 작품은 [And The Glass
Handed Kites](2005)와 함께 뮤가 더 넓은 세상이 내다
보이는 창에서 손을 흔들 수 있도록 도왔다.

　독특한 캐릭터이자 개성 있는 창법의 보유자인 요나스

뷔에레Jonas Bjerre와 기타리스트 보 매드센Bo Madsen을 중심
으로 사운드를 쌓아가는 뮤는 요한 볼레르트Johan Wohlert
의 베이스와 실라스 요르겐센Silas Utke Graae Jorgensen의 드럼
연주를 보태며 전성기를 누렸다. 그들은 얼터너티브 록
과 모던 록의 표현법을 기반으로 하되 대곡 스타일부터
슈게이징의 기법까지 끌어안았다. 어떤 이들은 뮤의 음
악을 설명하느라 장황한 단어들을 동원하며 땀을 흘리
지만, 1990년대의 유산을 계승하여 자기화했다고 간략
히 정리할 수 있다. 물론 그 저변에는 정교한 리듬 라인
과 프로그레시브한 곡의 구조가 버티고 있다. 그 위에 단
조롭지 않은 음악만큼이나 해석의 가능성을 열어둔 메
시지를 포개어놓았다. 여기에서 뮤의 독특한 음악 이미
지가 생성된다.

긴 제목을 과시한 [No More Stories Are Told Today I'm
Sorry They Washed Away / No More Stories The World Is
Grey I'm Tired Let's Wash Away](2009)에 이르러 뮤는
21세기형 프로그레시브 록으로 진화해왔다고 인정받았
다. 그렇다고 뮤의 음악이 골수들의 실험성과 진취성을

지니고 있다거나 소수 마니아들의 충성에 가까운 열광을 이끌어내는 타입이라고 말하려는 건 아니다. 뮤에겐 대중성을 놓칠 생각이 없었다. [Eggs Are Funny](2010)에 대한 반응에서도 알 수 있듯이 뮤는 양극단의 장점을 적절히 배합한 채 여전히 신뢰받는 대상으로 남아 있다. 1990년대에 등장하여 2000년대를 풍미한 록 밴드들 중에는 지독해 보이지만 위험하진 않은 깊이, 실험과 통속의 경계, 매혹과 유혹의 사이, 그 넓은 중간지대를 점령하며 성공한 음악인들이 있다. 뮤 역시 거기에 펄럭이는 깃 하나를 꽂아놓은 것이다.

<u>3</u>

Kent,

감성
모던 록의
완성형

그윽한 조명 아래에 앉아 이러저러한 음악을 들을 수 있는 뮤직바에서 자주 듣게 되는 곡들이 있다. 젊은 손님들로 붐비는 주말의 밤이라도 오면 바의 구석에 앉은 디제이DJ는 신청곡들이 빼곡히 적힌 종이쪽지에서 하루에도 몇 번씩 같은 이름을 발견하곤 했다. 얼터너티브 록과 감성 모던 록의 어떤 부분만을 뽑아 모아놓은 선물세트와 같았던 켄트도 그러한 이름들 중 하나였다.

노래하는 요아킴 베르그Joakim Berg와 고등학교 동창 친구들은 고향을 떠나 스톡홀름에 자리를 잡고 음악 활동을 시작한다. 기타를 연주하는 새미 서비오Sami Sirvio와 마르틴 루스Martin Roos, 베이스를 맡은 마르틴 스콜트Martin Skold

와 드럼 스틱을 잡은 마르쿠스 머스토넨Markus Mustonen까지 모여든 켄트는 동네의 유망주로 지목받는다. 그리고 스웨덴의 스타인 카디건스의 공연 오프닝 밴드로 서게 된 날, 음반회사 관계자는 그들을 점찍지 않을 수 없었다. 싱글 〈Nar Dert Blaser Pa Manen〉으로 운을 떼고 [Kent](1995)로 정식 데뷔한 켄트는 일약 스웨덴의 톱 밴드로 올라선다. 스웨덴 그래미 베스트 팝/록 그룹 상의 수상과 [Verkligen](1996)의 성공은 켄트의 입지를 탄탄하게 만들어주었다.

모던 록 중에서도 감성에 호소하는 스타일이 전성기를 구가하던 때에 등장한 켄트, 그리고 그 공식을 충실히 정리한 켄트의 앞길은 갈수록 넓어졌다. [Isola](1997)를 들고 세계시장에 뛰어든 켄트는 [Hagnesta Hill](1999)까지 줄달음치며 누구도 인정하지 않을 수 없는 세계적인 스타 밴드의 자리를 차지했다. 셀프 프로듀싱을 본격화한 [Vapen & Ammunition](2002)에선 일렉트로닉 비트와 서정 멜로디의 조우를 감행했으며, 성공한 록 밴드들의 자격증과도 같은 B-바이드 모음집 [Tillbaka Till

Samtiden] 등을 팬들에게 선물할 권리까지 얻어냈다. 그리곤 [Röd](2009)와 [En Plats I Solen](2010)를 차례로 발표하며 자신들의 디스코그래피를 착실히 쌓아갔다. 물론 고등학교 동창들 모두가 이 여정을 함께하진 못했다. 마르틴 루스는 해리 만티Harry Manti에게 자리를 양보했으니까.

너바나Nirvana의 커트 코베인Curt Cobain의 죽음과 함께 얼터너티브 열풍이 사그라진 대신에 라디오헤드라는 젊은 거장이 탄생하던 시절, 켄트는 브릿 팝과 모던 록의 공식을 검토한 완성형을 제시했다. 감미로운 선율과 편안한 무드를 즐기는 팬들은 켄트의 이름을 종이에 적어내길 즐겼다. 그러는 동안에도 켄트의 음악 여정은 특별한 굴곡 없이 지속되었고, 팝 스타의 지위도 좀처럼 양보하지 않았다.

변하지 않은 것이 또 있다. 관용구라도 되는 양 켄트의 이름 앞에는 아직도 뮤즈Muse와 도브스Doves 그리고 콜드플레이의 이름이 나란히 등장한다. 켄트를 폄하할 생각은 없으며, 그들도 때론 불만스럽게 생각할 수 있다. 하지만 분명한 사실이 있다. 아마 한국이라면 지극히 대중적인 켄트와 유사한 지향을 지닌 밴드조차 오디션 프로그램에 응모하여 결국 심사위원만 듣게 될 음악을 연주하는 처지가 되었으리란 것이다.

사실 켄트의 유능함은 스타일보다 알미울 정도로 곡에 임팩트를 가할 줄 아는 감각과 송라이팅에서 발휘된다. 히트송을 만들어내는 방법을 본능적으로 알고 있는 것처럼 보이기까지 한다. 스웨덴의 많은 음악인들처럼 켄트는 탁월한 멜로디 센스를 지녔을 뿐만 아니라, 그것을 효과적으로 각인시키는 장치를 십분 활용했다. 이를테면 〈Kevlar Soul〉의 하모니카, 〈Stop Me June (Little Ego)〉의 트럼펫, 그리고 〈Dom Andra〉의 휘파람 소리를 누가 쉬이 잊을 수 있겠는가.

Kings of

Convenience,

생기어린

인디 팝

듀오의 모델

간혹 섭섭한 생각이 들곤 하는 모양이다. 세계와 시대를 뒤흔드는 대형 스타의 부재가 당연해지고, 신scene이 장르·세대별로 구획되면서 군소 스타를 중심으로 시장이 형성되며, 대규모에서 중소 그룹 위주의 트렌드가 정착한 2000년대에는. 또 강력한 폭풍이 차례로 음악계를 휩쓰는 대신 작은 소용돌이들이 나타났다가 사라지고 다시 만났다 헤어지기를 반복하는 2000년대 이후의 음악을 지켜보고 있노라면.

1980년대와 1990년대에 강렬한 경험을 선물 받으며 성장한 마니아들은 은근히 아쉬울 만도 하지만, 이제 제법 두터운 일기장을 갖게 된 팝과 록이 성숙의 단계에 접어

들었기 때문이라는 것을 받아들여야 한다. 덕분에 어쿠
스틱이 각광받는 스타일 중 하나가 되었고, 조촐한 듀오
가 친근한 음악인의 모델로 부상할 수 있었는지도 모른
다. 인디 팝 듀오 킹스 오브 컨비니언스, 그러니까 얼렌
드 오여Erlend Oye와 아이릭 글람벡 뵈Eirik Glambek Boe는 이
시대가 요청하는 어쿠스틱 팝 뮤지션의 전형이랄 수 있다.

킹스 오브 컨비니언스는 멀게는 사이먼 앤 가펑클Simon
and Garfunkel의 21세기 버전 같기도 하고, 내밀한 정서와
음률을 따라가 보면 두 사람으로 분신한 엘리엇 스미스
Elliott Smith가 떠오른다고 말해도 그다지 책망 받을 일은
아닐 것이다. 다소 짓궂게 말하면, 외모로 볼 때에 훈남
과 꺼벙이 친구들이라고 말해버릴 수도 있는데, 당사자
들도 크게 화를 낼 것 같진 않다. 요점은 킹스 오브 컨비
니언스가 어쿠스틱 듀오의 전통에 인디 팝의 신선함을
껴안은 모델이라는 것이다.

이들은 섬세한 감성과 참신한 감각을 [Kings of
Convenience](2000)에서부터 [Quiet Is The New Loud]

(2001)와 리믹스 앨범 [Versus](2001), 그리고 [Riot On An Empty Street](2004)과 [Declaration Of Dependence](2009)에 차례로 담아왔다. 그동안 단출한 어쿠스틱 기타와 아름다운 보컬의 화음은 입소문을 타고 눈과 귀가 밝은 음악 애호가들의 창을 넘어 각각의 방에 자리잡고 들어앉았다. 물론 기타뿐만 아니라 피아노와 트럼펫, 비올라와 첼로를 동원하여 풍성한 사운드를 선사한 바도 있다.

친절한 노래와 친근한 이미지를 가진, 북유럽 두 남자의 음악에서 굳이 피오르 해안의 차갑고 장엄한 풍광을 애써 떠올릴 필요는 없다. 고유한 지역성을 드러내는 음악이 아니라 바다와 대륙을 넘나들며 공유되는 인디 팝의 정서가 중심에 놓여 있기 때문이다. 그러니까 무형의 공동체를 자극하는 보편성을 강조하는 편이 킹스 오브 컨비니언스의 담백한 노래들을 설명하기에 더욱 적절한 방법이다. 그 안에 먼지 쌓인 LP더미를 헤치고 나온 것처럼 오래된 감성과 21세기 인디 팝의 늙지 않은 감각, 그리고 재기발랄하고 상큼한 터치까지 옹기종기 둘러앉

곤 한다. 이것들을 주섬주섬 안고 다니며 주저리주저리 이야기를 풀어내는 킹스 오브 컨비니언스의 노래들에는 간혹 밉지 않은 심드렁함까지 끼어들곤 한다.

그렇다고 킹스 오브 컨비니언스를 마냥 착하고 바른 모범생의 음악으로 몰아세울 생각은 추호도 없다. 그 이유는 지금 시대의 어쿠스틱송이란 것이, 그리고 인디 팝이란 스타일이 크게 보면 우리 시대를 가장 잘 포착해내는 방법이자 움직임이기 때문이다. 기독교가 지배한 11~13세기 중세 유럽의 어디에는 감히 연애와 술, 풍자의 발랄함이 가득한 시집이자 음악집인 카르미나 부라나Carmina Burana가 만들어져 보관되고 있었다. 여백이 있는 킹스 오브 컨비니언스의 음악을 듣다보면 가끔은 카르미나 부라나의 생기어린 반항이 떠오르곤 한다.

너도,
나처럼,
울고 있구나
청춘, 북유럽 히든트랙

© 문나래 2013

초판 1쇄 인쇄 2013년 4월 30일
초판 1쇄 발행 2013년 5월 10일

지은이 문나래

펴낸이, 편집인 윤동희

편집 홍성범 권혁빈 김민채
모니터링 이희연
디자인 이진아
마케팅 한민아 정진아
온라인 마케팅 김희숙 김상만 이원주 한수진
제작 서동관 김애진 임현식
제작처 영신사

펴낸곳 (주) 북노마드
출판등록 2011년 12월 28일 제406-2011-000152호

주소 413-756 경기도 파주시 문발동 파주출판도시 513-7
문의 031.955.8886(마케팅) 031.955.2646(편집) 031.955.8855(팩스)
전자우편 booknomadbooks@gmail.com
트위터 @booknomadbooks
페이스북 www.facebook.com/booknomad

ISBN 978-89-97835-19-5   13980

북노마드

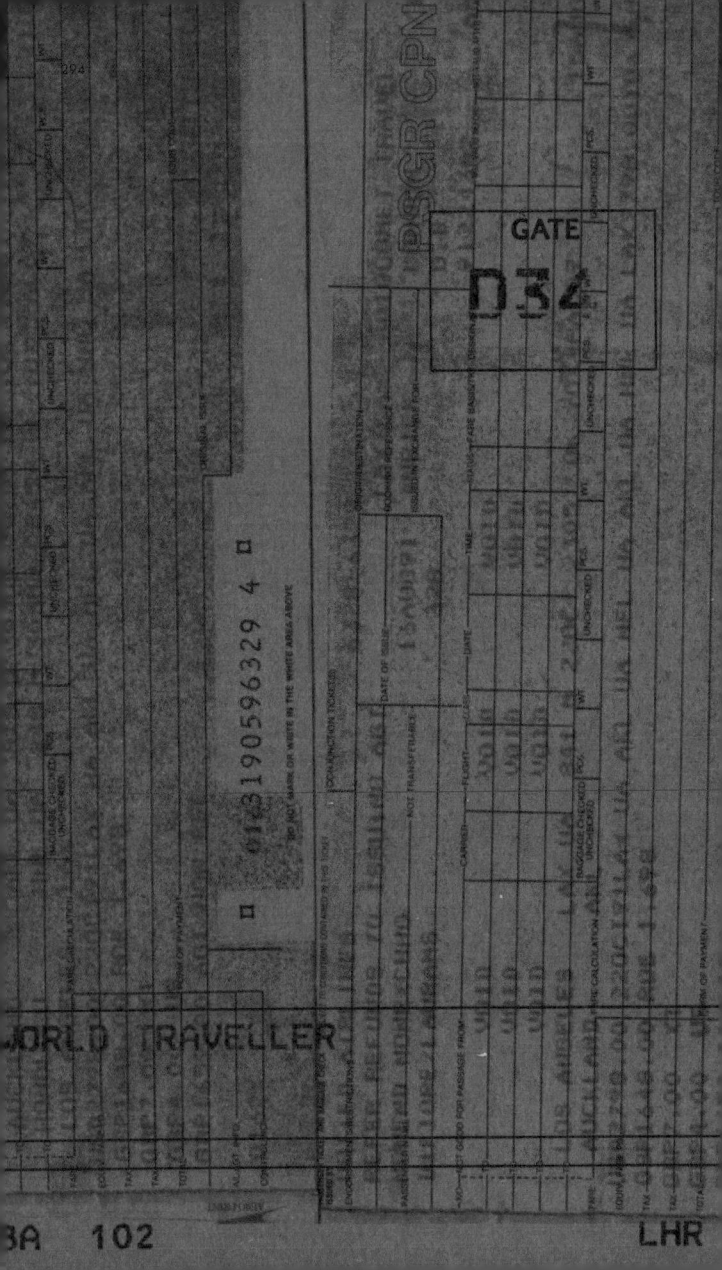